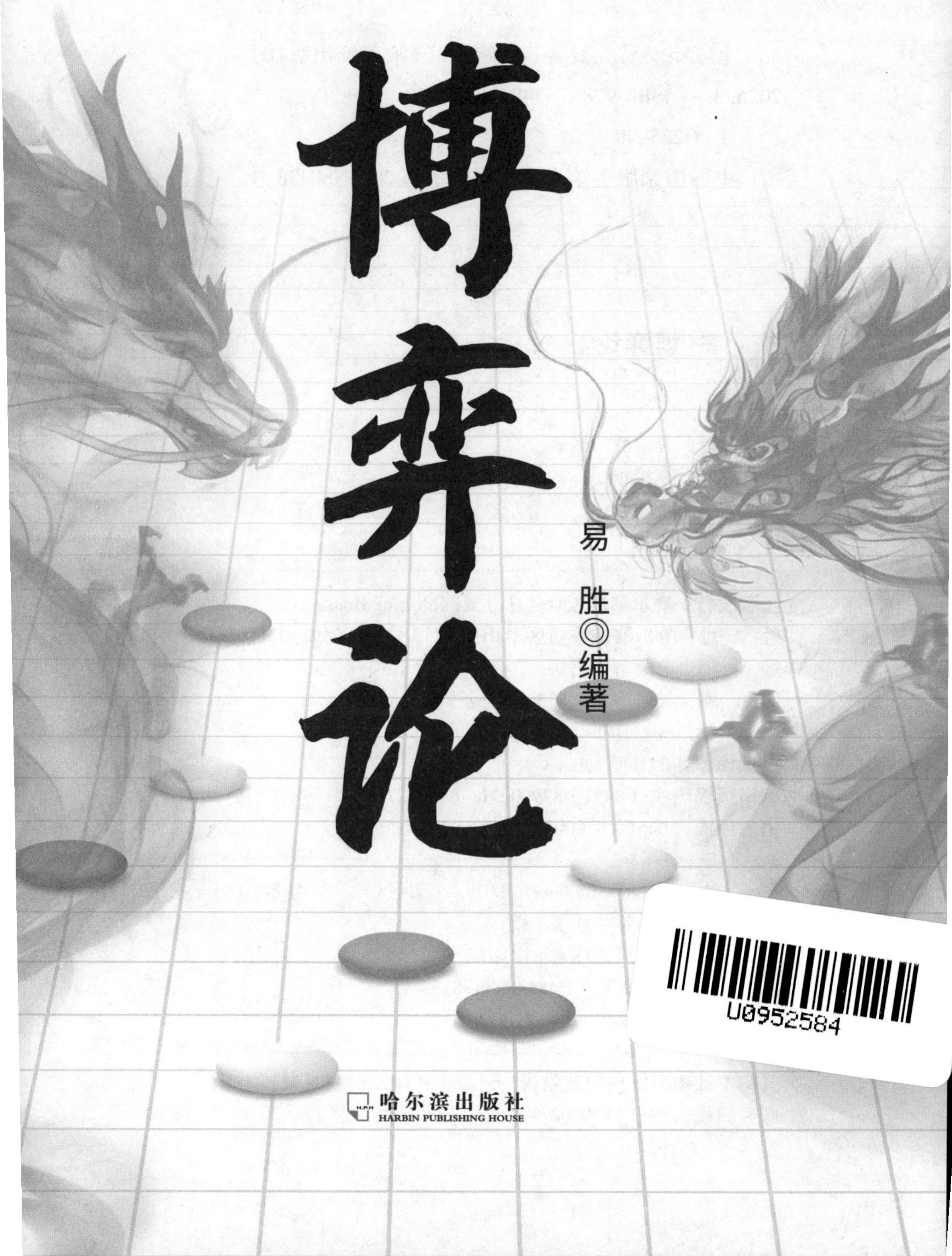

博弈论

易　胜◎编著

哈尔滨出版社
HARBIN PUBLISHING HOUSE

图书在版编目 (CIP) 数据

博弈论 / 易胜编著 . -- 哈尔滨 : 哈尔滨出版社 , 2025. 3. -- ISBN 978-7-5484-8288-8

Ⅰ. O225-49

中国国家版本馆 CIP 数据核字第 2024NS0438 号

书　　名: 博弈论
BOYI LUN

作　　者: 易　胜　编著
责任编辑: 李维娜
封面设计: 于　芳
内文排版: 张艳中

出版发行: 哈尔滨出版社 (Harbin Publishing House)
社　　址: 哈尔滨市香坊区泰山路 82-9 号　　邮编: 150090
经　　销: 全国新华书店
印　　刷: 三河市龙大印装有限公司
网　　址: www.hrbcbs.com
E-mail : hrbcbs@yeah.net
编辑版权热线: (0451) 87900271　87900272
销售热线: (0451) 87900202　87900203

开　　本: 710mm × 1000mm　1/16　　印张: 12　　字数: 150 千字
版　　次: 2025 年 3 月第 1 版
印　　次: 2025 年 3 月第 1 次印刷
书　　号: ISBN 978-7-5484-8288-8
定　　价: 45.00 元

前 言

世事如棋局局新。在纷繁复杂、变幻莫测的社会里，每个人都像棋手一样，在一张看不见的棋盘上，通过规则、身份、信息、行动等各种量化概念对人情世事进行精妙的分析，最后做出对自己最有利的决定。

这个决定有大有小，小到今天穿什么样的衣服，喝什么牌子的咖啡，对家人说什么样的话，大到运营决策、投资合伙、国际谈判，这都是博弈的具体体现。

举个简单的例子：去商场买衣服，本来一件价值 100 元的衣服，被老板要价 180 元。看到高昂的价格，我们会想方设法砍价，比如“这件衣服的款式过时了，不值这么多钱”“给我们便宜一点，要是穿得好，我们下次还来你这里买”……通过这种语言攻势，老板终于同意把价格降低一点，但是 160 元的价格仍然不能让我们满意，于是新一轮的博弈就此展开，老板说：“我们进价也不便宜，这件衣服的料子这么好，穿着很有质感……”而我们也会拿这件衣服跟其他家的同类衣服作对比，继续和老板“打擂台”，最终经过一番唇枪舌战，双方找到了一个均衡点：150 元。买东西的人觉得实惠，卖东西的人也觉得不亏，于是双方达成了合作。

在这个博弈的过程中，卖家为了给买家留下一个讨价还价的余地，故意把衣服的价格设置得高一点，而买家为了说服卖家降价，也绞尽脑汁，挑起了衣服的“毛病”，用价值否定价格，经过几轮博弈，最终双方才达成交易。

人生就是永不停歇的博弈过程，和服装买卖类似的博弈在生活中、学习中、职场中、商场中处处都能看得到，我们要想在激烈的竞争中保护自己，要想在复杂的局面中看清真相，要想在合作中化被动为主动，就要懂得博弈论的一些原理，并用这些博弈策略指导我们的实际生活，在冲突对抗中获得最优解。

《博弈论》这本书以通俗易懂的语言和精彩有趣的案例讲解博弈理论及其在日常生活和商业领域中的应用，为大家正确决策提供一些指导。读完本书，相信你会在一场场博弈的赛局中获得新的感悟，找到解决人生难题的钥匙，避免盲目行动。

目 录

导 读 博弈论的前世今生

博弈论：让你赢的阳谋 / 002

从《孙子兵法》开始 / 004

博弈论的构成要素 / 006

基本假定：大家都是明白人 / 008

与人互动的一场游戏 / 009

上 篇 从零开始读懂博弈论

第一章 囚徒困境：选择决定胜败

何谓囚徒困境 / 016

如何使对手陷入囚徒困境？ / 018

无所不在的囚徒困境 / 020

摆脱困境的胜利大逃亡 / 023

第二章 重复博弈：重复促成合作

何谓重复博弈 / 027

路遥知马力，日久见人心 / 029

重复博弈能走出囚徒困境吗？ / 031

现代信用的产生 / 032
重复博弈和信息完全 / 034
第三章 纳什均衡：走不出的结局
何谓纳什均衡 / 038
纳什均衡有什么用 / 041
警察与小偷的最佳对策 / 042
从博弈角度看《麦琪的礼物》/ 044
强硬形象带来的现实好处 / 046
第四章 智猪博弈：搭便车最省力
何谓智猪博弈 / 049
小猪带给人的启示 / 051
平衡大小猪的收益 / 055
第五章 斗鸡博弈：进与退的智慧
何谓斗鸡博弈 / 061
斗鸡博弈的解决之道 / 063
用气势压倒对方 / 066
退是策略，进是目的 / 068
第六章 猎鹿博弈：合作走向共赢
何谓猎鹿博弈 / 072
和别人分享你的优势 / 075
培养合作能力 / 077
第七章 协和谬误：该放弃就放弃
何谓协和谬误 / 082
沉没成本与机会成本 / 085
不要“皮洛士式的胜利”/ 088

该放手时就放手 / 090
弃卒保车，小舍大得 / 093

第八章　信息博弈：信息决定成败

何谓信息博弈 / 096
不完全信息博弈 / 099
学会利用信息 / 103
小道消息能不能信 / 105

第九章　博傻理论：不做最大的傻瓜

何谓搏傻理论 / 110
神奇的卖马交易 / 114
投资、投机与博傻 / 118
不要盲目跟风 / 120

下　篇
每天学会使用博弈论

第十章　职场博弈，少走十年弯路

与人握手时，多握一会儿 / 128
办公室里更要“拘”小节 / 130
遵守办公室“潜规则” / 132
不要炫耀自己的得意事 / 133

第十一章　擅长协调，是管理者必修课

企业中的两种博弈关系 / 137
尴尬的“夹心层”管理者 / 140
保持危机感，多看多听多走 / 144

第十二章　善于激励，激发员工自驱力

让下属感受到你的温暖　/ 148

用赞美来激励员工　/ 149

激励背后是信用博弈　/ 151

第十三章　人尽其才，才尽其用

用人不妨学学“分槽喂马”/ 156

马蝇效应，抚顺“刺头”　/ 157

运用人性弱点，满足对方欲望　/ 160

第十四章　升职加薪，职场生涯少走弯路

让老板记住你、了解你　/ 164

怎样说服老板给你加薪 / 166

平时多烧香，才有贵人帮 / 168

成败得失在于主动上位 / 171

第十五章　人际交往，博弈就要懂人情世故

利益是人际永恒的主题 / 175

若不背叛，就被淘汰 / 177

解除人际困境的方法 / 178

从博弈角度看许诺和威胁　/ 180

以牙还牙明智吗？　/ 182

导读

博弈论的前世今生

博弈论：让你赢的阳谋

人人都是棋手，相互揣摩、相互牵制，下出精彩纷呈、变化多端的棋局。博弈论就是研究棋手们“出棋”中理性化、逻辑化的部分，并将其系统化为一门科学。换言之，就是研究个体如何在错综复杂的相互影响中得出最合理的策略。

博弈是什么呢？了解这个概念将有助于我们读懂博弈论。《现代汉语词典》中对“博弈”一词的解释为：1. 古代指下围棋，也指赌博。2. 比喻为谋取利益而竞争。

这些解释无疑与因博弈论而获得诺贝尔经济学奖的罗伯特·奥曼教授所说的“所谓博弈，就是策略性的互动决策”这一概念有相通之处。无论是下围棋、赌博，还是为谋取利益而进行竞争，其实质都是在做策略性的互动决策，即你作为一个“理性人”的情况下，为了达到自己的目标和利益，在考虑做何决策时，一定要考虑对手的各种可能的行动方案。比如日常生活中的下棋、打牌等。在你落子、出牌之前，一定会考虑对手将如何应对，并力图选取对自己最为有利或最为合理的方案。博弈论就是研究博弈行为中斗争各方是否存在着最合理的行为方案，以及如何找到这个合理的行为方案的数学理论和方法。

举个例子，可能会有助于读者朋友们理解：

周末的傍晚，你终于放下繁重的工作，轻松愉快地到商场进行大采购。就在你买得正高兴的时候，商场出现了意外，只见浓烟滚滚，发生火灾了！

现在，摆在你面前的是两扇门，也即两个选择：是选择商场东南角的正门来逃命，还是选择北边的那扇小门来逃命。在这一瞬间，你不要条件反射地按习惯来盲目选择。因为摆在你面前的不仅仅是你一个人的问题，在你的周围，还有几千甚至上万人同样面临选择哪扇门出逃的困境。门只有那么两扇，每扇都只有那么大，无数的人挤在一块不是被挤死就是被挤坏，交通的堵塞必将带来逃奔的严重延迟，给人们生命带来威胁。选择哪扇门逃奔，大多数人会选择哪扇门，怎样避开他们而顺利出逃？

如果你选择的门是很多人选择的那个，你就有可能因人多拥挤而葬身火海。如果你选择的门是少数人选择的，你将有机会逃生。

在这个例子中，我们可以清晰地看到：如果你是一个很理性的人，在你做策略选择时，你必须考虑到在同一"局"中的其他人会如何选择，因为这关乎你的成败，甚至生死。这就是博弈。

在英文中，"博弈"一词为"Game"，"Game"是人们遵循公平规则下的活动，每个人在活动中的目的都是使自己获胜，它同时有"竞赛"的意思，比如奥林匹克运动会的英文就是"Olympic Game"。"Game"一般被翻译成汉语中的"游戏"，但"游戏"一词更多地带有消遣或娱乐的性质，多数情况下参与者并不认真，甚至带有"儿戏"的味道。所以在这里我们把英文中的"Game"译为"博弈"而非游戏，把"Game Theory"译为"博弈论"而非"游戏理论"。

博弈论（Game Theory），就是二人在平等的对局中各自利用对方的策略变换自己的对抗策略，达到取胜的意义。有时也称为赛局理论，是研究具有斗争或竞争性质现象的理论和方法，它是应用数学的一个分支，既是现代数学的一个新分支，也是运筹学的一个重要学科。简单说来，博弈论就是研究人们如何进行决策，以及这种决策如何达到均衡的科学。每个博弈者在决定采取何种行动时，不但要根据自身的利益和目的行事，还必须考虑到他的决策行为可能对其他人造成的影响，以及其他人的反应行为可能带来的后果，通过选择最佳行动计划，来寻求收益或效用的最大化。对博弈论通俗的理解就是：它是关于人与人"斗心眼儿"的学问，如何在斗争中让自己更加"老谋深算"，从而立于不败之地的学问。

从《孙子兵法》开始

博弈的思想源远流长。早在2000多年前，齐王与田忌赛马，以及《孙子兵法》中的军事策略等已用到了博弈思想。

博弈思想古已有之，我国古代的《孙子兵法》不仅是一部军事著作，而且算是最早的一部博弈论专著。博弈论最初主要研究象棋、桥牌、赌博中的胜负问题，人们对博弈局势的把握只停留在经验上，没有向理论化发展。

近代对于博弈论的研究，开始于策梅洛（Zermelo），博雷尔（Borel）及冯·诺伊曼（John von Neumann）。虽然早在18世纪初以前便开始了对具有策略依存特点的决策问题的零星研究，但博弈论真正的发展还是在20世纪。20世纪初期是博弈论的萌芽阶段，其研究对象主要是从竞赛与游戏中引申出来的严格竞争博弈，即二人零和博弈。这类博弈中不存在合作或联合行为，对弈两方的利益严格对立，一方所得必意味着存在另一方的等量损失。这符合下棋等二人室内游戏的情形，但应用在经济与政治上，则大多数情况并不合适。这一阶段最重要的成就是策梅洛公理（1913）与冯·诺伊曼的最小最大定理（1928），后者为二人零和博弈提供了解法，同时对博弈论的发展产生了重大影响。

1944年，美国数学家冯·诺伊曼和莫根施特恩（Morgenstern）合著的《博弈论与经济行为》一书的出版，标志着系统的博弈理论的初步形成。该巨著汇集了当时博弈论的研究成果，将其框架首次完整而清晰地表述出来，使其作为一门学科获得了应有的地位。同时身为经济学家的莫根施特恩首先清楚而全面地确认，经济行为者在决策时应考虑到经济学上的利益冲突性质。该书详尽地讨论了二人零和博弈，并对合作博弈做了深入探讨，开辟了一些新的研究领域。更重要的是将博弈论加以空前广泛的应用，尤其是在经济学上，由于博弈论数学上的严整性与经济学应用上的广泛性，一些经济学家将该巨著的出版视为数理经济学确立的里程碑。

接下来的一段时期对合作博弈的研究有了长足进步。按豪尔绍尼的观点，如果一博弈中意愿表示——协议、承诺、威胁——具有完全的约束力并可强制执行，则该博弈是合作的。如意愿表示不可强制执行，则为非合作博弈。非合作博弈随后发展起来，纳什、泽尔滕和豪尔绍尼因此而获奖，但当时注意力主要集中在合作博弈上。事实上，合作博弈可视为非合作博弈的特殊情况，它略去非合作个体之间建立合作关系的过程而着重研究合作的可能性与形式。由于省去从非合作到合作过程中繁复的难以尽述的细节，合作博弈能对合作问题有更清晰的把握。为了解决合作博弈中所遇到的问题，这一期间提出了联盟博弈、稳定集、解概念、可转移效用、核心等重要概念与思想。

20世纪50年代是博弈论的成长期，纳什为非合作博弈的一般理论奠定了基础，提出了博弈论中最为重要的概念——纳什均衡，开辟了一个全新的研究领域。非合作理论发展起来，如塔克的囚徒困境、重复博弈概念等。合作博弈理论在这个阶段得到进一步发展。博弈论的研究队伍开始扩大，兰德公司在圣莫尼卡开业，在随后的许多年里，这里成为博弈论的研究中心。经济学逐渐成为博弈论最重要的应用领域。

20世纪60年代是博弈论的成熟期。不完全信息与非转移效用联盟博弈那样的扩充使理论变得更具广泛应用性。常识性的基本概念得到了系统阐述与澄清。博弈论成了完整而系统的体系。更重要的是，博弈论与数理经济及经济理论建立了牢固而持久的关系。例如，等价性原理说明博弈论与经济理论间存在竞争市场经济的价格均衡与相应博弈的重要解概念之间的对应关系。豪尔绍尼与泽尔滕正是在这一时期开始他们的工作，豪尔绍尼提出了不完全信息理论，泽尔滕开始其均衡选择问题的研究。

20世纪70年代至今是博弈论的丰富壮大期。博弈论在所有研究领域都得到重大突破。博弈论开始对其他学科的研究产生强有力的影响，计算机技术的飞速发展使研究复杂与涉及大规模计算的博弈模型发展起来。在理论上，博弈论从基本概念到理论推演均形成了一个完整与内容丰富的体系。在应用上，对政治与经济模型有了深入研究，非合作博弈理论应用到大批特殊的经济模型。同时博弈论应用到生物学、计算机科学、国际关系、政治学、军事战略、道德哲学等领域，并逐渐变得大众化起来，不再是仅为少数研究者所知。

至今，博弈论仍在不断发展与深化。尽管博弈经济学家很少，但其获诺贝尔奖的比例最高。最能震动人类情感的是博弈，对未来最有影响力的还是博弈，那作为一名合格的管理者，怎么能不读点博弈论呢?

博弈论的构成要素

从狭义上讲，博弈是以利益为目的的，有利可图是形成博弈的基础，所以博弈包含的要素有以下四点：一，参与人数至少是俩人；二，博弈双方或多方要有相互竞争的利益中心；三，参与者有自己的竞争策略；四，参与者拥有相关博弈必备的知识和信息。

从广义上讲，构成博弈的基本要素有五个，分别如下：

1. 局中人：指参加博弈的直接当事人，即以自身效用最大化为准则的理性决策主体。在一场竞赛或博弈中，每一个有决策权的参与者成为一个局中人。只有两个局中人的博弈现象称为“两人博弈”，而多于两个局中人的博弈称为“多人博弈”。

比如，在一场竞争（简称一局博弈）中总有这样的参与者，他们为达到各自的目的、争取得到对自己有利的结局，必须制定对付竞争对手们的行动方案，这种有决策权的参与者被称为局中人，而那些既不决策且结局又与他的得失无关的人（如棋赛的裁判员）就不算局中人。

2. 策略：一局博弈中，每个局中人都有选择实际可行的完整的行动方案，即方案不是某阶段的行动方案，而是指导整个行动的一个方案，一个局中人的一个可行的自始至终全局筹划的行动方案，称为这个局中人的一个策略。如果在一个博弈中局中人有有限个策略，则称为“有限博弈”，否则称为“无限博弈”。

3. 得失：一局博弈的结果称为得失。每个局中人在一局博弈结束时的得失，不仅与该局中人自身所选择的策略有关，而且与全局中人所取定的一组策略有关。所以，一局博弈结束时每个局中人的“得失”是全体局中人所取定的一组策略的函数，通常称为支付（payoff）函数。

4. 次序：各博弈方的决策有先后之分，且一个博弈方要做不止一次的决策选择，就出现了次序问题；其他要素相同、次序不同，博弈就不同。

5. 博弈涉及均衡：均衡是平衡的意思，在经济学中，均衡意即相关量处于稳定值。在供求关系中，某一商品市场如果在某一价格下，想以此价格买此商品的人均能买到，而想卖的人均能卖出，此时我们就说，该商品的供求达到了均衡。所谓纳什均衡，它是一稳定的博弈结果。

纳什均衡（Nash Equilibrium），即在一策略组合中，所有的参与者面临这样一种情况，当其他人不改变策略时，他此时的策略是最好的。也就是说，此时如果他改变策略他的支付将会降低。在纳什均衡点上，每一个理性的参与者都不会有单独改变策略的冲动。

纳什均衡点概念提供了一种非常重要的分析手段，使博弈论研究可以在一个博弈结构里寻找比较有意义的结果。但纳什均衡点定义只局限于任何局中人不想单方面变换策略，而忽视了其他局中人改变策略的可能性，因此，在有些情况下，纳什均衡点的结论缺乏说服力，研究者们形象地称之为“天真可爱的纳什均衡点”。

基本假定：大家都是明白人

西方经济学鼻祖亚当·斯密认为：人只要做“理性经济人”就可以了，因为“如此一来，他就好像被一只无形之手引领，在不自觉中对社会的改进尽力而为。在一般的情形下，一个人为求私利而无心对社会做出贡献，其对社会的贡献远比有意图做出的大。”

博弈论中，有一个基本的假定就是，所有的博弈参与者都是理性的。通俗地讲就是大家都是明白人，谁也不比谁更傻，你想到的别人也想到了，而别人想到的你也能想得到。

在博弈中，“所有的人都是理性的”用经济学术语来说就是“理性经济人”。所谓“理性经济人”原本是西方经济学的一个基本假设，即假定人都是利己的，而且在面临两种以上选择时，总会选择对自己更有利的方案。

博弈论中的“理性经济人”，是指博弈的参与者都是绝对理性的，其参与博弈的根本目的就是通过理性的决策，达到收益最大化。也就是在环境已知的条件下，采取一定的行为，使自己获得最大的收益（在博弈论中我们将其称为“最优反应”）。在博弈论中，个人收益不仅由自己的战略选择与市场状况决定，更为重要的是，参与者要考虑其他理性参与者会采取的决策，于是每个人都将面临复杂的情况。因此，博弈论中的一些理论模型只有在“参与者是理性经济人”这一条件下，才会将作用发挥到最大。

有一种批评博弈论的观点认为，理论上的博弈需要太高的计算理性，这几乎是一个不近现实的要求，因为博弈论所要求的完美计算能力或者推理能力是绝大多数人所不具备的。譬如下围棋，每个人的水平都不一样，事实上不可能人人都能达到专业九段的水准。此外，人的精力与时间总是有限的，人不可能具有完全的理性。现实生活中，人们在做决策时的理性也往往是有限的，因为人在做一个决定前，不可能掌握所有的知识和信息，而且搜集知识和信息也是需要成本的，有时甚至还会为此付出大量的时间与金钱。因此企图搜集所有信息并借以做出收益最大化的决策，有时反而是最不理性的。

但是否就可以认为博弈毫无用武之地呢？答案是否定的。且不说对一些复杂的计算我们可以通过电脑来完成；更重要的是，博弈论提供的是策略思维的习惯与方法，即便是计算能力很糟糕的人也会因其利益而磨砺其策略技巧，并从自己和他人的经验中逐步学习。

总之，从长期的策略竞争中最终获胜的人，他的策略行动一定符合理性的“最优反应战略”——尽管他本人可能从来没有学过博弈论，也不知道什么叫博弈，但长期以来积累的经验告诉了他该如何做出策略选择。这就如同鱼儿不懂得浮力定律，但这并不会妨碍鱼儿在水中游动一样。尽管事实上参与博弈的人不一定是具有完美理性的，但可以在博弈中磨炼自己的完美理性，从而使自己的行动越来越符合“理性经济人”的要求。

与人互动的一场游戏

为了自己，也为了与他人更好地合作，你需要学习一点博弈论的策略思维。正如著名经济学家萨缪尔森所说：“要想在现代社会做一个有文化的人，你必须对博弈论有一个大致了解。”

这是一场游戏。假使我们已从 1 到 100 之间选出某个数，而你的任务是猜中这个数。若你一猜即中，我们将付给你 1000 元。对这个数字一猜即中的概率很低，仅为1%。为了增加你猜中的概率，我们可以让你猜五轮，且每轮猜错后都会告诉你猜得太高还是太低。当然，越早猜中则奖励也越丰厚。若你在第二轮猜中，你将得到800元；第三轮才猜中，奖励就降为600元；然后第四轮降为400元，第五轮降为200元。若五轮皆未猜中，游戏便会结束，你将一无所获。

你第一轮猜的数是50吗？这是绝大多数人第一轮的猜测，不过告诉你，这个数太高了。

或许你第二轮会猜25？猜过50之后，大多数人都会猜25。但是抱歉，太低了。很多人接下来就会猜37，但恐怕37也太低了。那么猜42如何？还是太低了。

让我们暂停，退回一步，分析一下现在的情况。这是你即将迎来的第五轮猜测机会，也是你赢得奖励的最后机会了。你已知道那个数将大于42而小于50。存在着七个选择：43，44，45，46，47，48和49。你认为它会是这七个数中的哪一个呢？

迄今为止，你的猜测方式是把区间二等分并选择其中间数。在数字以随机方式抽取的游戏中，这是一个理想的策略。你可以从每一轮猜测中获得尽可能多的信息，从而你可以尽快收敛到那个数。确实，据说微软的前总裁史蒂夫·鲍尔默曾以此游戏作为其面试题目。对鲍尔默而言，50，25，37，42……就是正确答案。他感兴趣的是要看看候选人能否用最符合逻辑和最有效的方式去分析所探求的问题。

此种搜索方法的技术术语叫最小化平均信息量。我们的答案则有所差异。在鲍尔默的问题中，数字都是随机挑选的，所以工程师们把数集一分为二加以攻克的策略完全正确。从每一轮猜测中得到尽可能多的信息，会减少你猜测的次数，因而也可以让你赢得最多的钱。但在我们这个游戏中，数字不是随机挑选的。我们是像真的要付钱给你那样来玩这场游戏的，但事实上，我们并不打算让你赢得一分钱。所以，我们当然会挑一个你难以猜中的数字。请想一下，若挑选50作为这个数字，对我们意味着什么？那可是会让我们损失一大笔钱的。

博弈论的关键教诲就是，将自己置于对方的立场。我们站在你的立场上，预计你会猜 50，然后是 25，接着是 37，42。弄清楚了你会怎样玩这场游戏，我们便可以降低你猜中我们数字的机会，从而也大大减少了我们需要付出的金额。

在游戏结束之前对你所做的这一切解释中，我们已经给了你很大的提示。所以现在你弄清楚了所玩的真实游戏，你要为200元做最后一猜。那你将挑选哪个数？

49？

恭喜。不过是恭喜我们，不是你。你刚好落入我们的圈套。我们挑选的数字是 48。实际上，整个关于选取一个难以根据分割区间规则找出的数字的长篇大论，都是刻意要进一步误导你。我们想让你猜 49，这样我们选定的 48 才不会被猜中。谨记，我们的目的是让你赢不到钱。

要想在游戏中击败我们，你必须比我们更进一步："他们想让我猜 49，那我就应该猜 48。"当然，如果我们早料到你如此聪明，那我们可能就选了 47 甚至是 49。

这场游戏的重点，不在于我们是如何自私或狡诈，而在于尽可能清晰地揭示是什么使某些事件成为一场博弈：你必须考虑到其他参与人的目标及策略。在猜测一个随机挑出的数字时，这个数字不会被刻意掩饰。你可以用工程师的思维将区间一分为二，尽可能做到最好。但在博弈对局中，你需要考虑其他参与人将如何行动，以及那些人的决策将如何影响你的策略。

上 篇

从零开始读懂博弈论

第一章

囚徒困境：选择决定胜败

人类的自私天性使他们经常陷入“囚徒困境”难以自拔。要想破局，那就得懂点基本的博弈知识，这样才能识破事态格局，走出囚徒困境。

何谓囚徒困境

如果你能够在做出决策之前与相关方取得最直接的联系，那么一定要选择双赢的策略，这才是长期合作的战略家眼光。

我们先来看一个历史上最经典的有趣个例："囚徒困境"。

1950 年，由就职于兰德公司的梅里尔•弗勒德（Merrill Flood）和梅尔文•德雷希尔（Melvin Dresher）拟定出相关困境的理论，后来由顾问艾伯特•塔克（Albert Tucker）以囚徒方式阐述，并命名为"囚徒困境"。

经典的囚徒困境如下：警方逮捕甲、乙两名嫌犯，但没有足够证据指控二人入罪。于是警方分开囚禁嫌犯，分别和二人见面，并向双方提供以下相同的选择：

若一人认罪并作证检控对方（相关术语称"背叛"对方），而对方保持沉默，此人将即时获释，沉默者将判监 10 年。

若二人都保持沉默（相关术语称互相"合作"），则二人同样判监半年。

若二人都互相检举（相关术语称互相"背叛"），则二人同样判监 2 年。

用表格概述如下：

	甲沉默	甲认罪
乙沉默	二人同服刑半年	乙服刑 10 年，甲即时获释
乙认罪	甲服刑 10 年，乙即时获释	二人同服刑 2 年

如同博弈论的其他例证，囚徒困境假定每个参与者（即“囚徒”）都是利己的，即都寻求最大自身利益，而不关心另一参与者的利益。参与者某一策略所得利益，如果在任何情况下都比其他策略要低的话，此策略称为“严格劣势”，理性的参与者绝不会选择。另外，没有任何其他力量干预个人决策，参与者可完全按照自己意愿选择策略。

囚徒到底应该选择哪一项策略，才能将自己个人的刑期缩至最短？两名囚徒由于隔绝监禁，并不知道对方选择；即使他们能交谈，还是未必能够尽信对方不会反口。就个人的理性选择而言，检举背叛对方所得刑期，总比沉默要来得低。试设想困境中两名理性囚徒会如何做出选择：

若对方沉默，背叛会让我获释，所以会选择背叛；

若对方背叛指控我，我也要指控对方才能得到较低的刑期，所以也会选择背叛。

二人面对的情况一样，所以二人的理性思考都会得出相同的结论——选择背叛。背叛是两种策略之中的支配性策略。因此，这场博弈中唯一可能达到的纳什均衡，就是双方参与者都背叛对方，结果二人同样服刑 2 年。

这场博弈的纳什均衡，显然不是顾及团体利益的帕累托最优解决方案。以全体利益而言，如果两个参与者都合作保持沉默，两人都只会被判刑半年，总体利益更高，结果也比两人背叛对方、判刑 2 年的情况较佳。但根据以上假设，二人均为理性的个人，且只追求自己个人利益。均衡状况会是两个囚徒都选择背叛，结果二人判决均比合作为高，总体利益较合作为低。这就是“困境”所在。例子漂亮地证明了：非零和博弈中，帕累托最优和纳什均衡是相冲突的。

帕累托最优是指资源分配的一种理想状态，即假定固有的一群人和可分配的资源，从一种分配状态到另一种状态的变化中，在没有使任何人境况变坏的前提下，也不可能再使某些人的境况变好。换句话说，就是不可能再改善某些人的境况，而不使其他人受损。

对于多人参与、非零和的博弈问题，在纳什之前，无人知道如何求解，或者说怎样找到类似于最小最大解那样的“平衡”。而找不到解，下面的研究当然无法进行，更谈不上指导实践了。纳什对博弈论的巨大贡献，正在于他天才性地提出了“纳什均衡”的基本概念，为更加普遍广泛的博弈问题找到了解。纳什均衡的基本思想是，在这个解集中所有参与者的策略都是对其他参与者所用策略的最佳对策，没有人能够通过单单改变自己的策略提高收益。以前面的囚徒困境为例，如果嫌犯甲相信嫌犯乙招供，那么他的最佳策略是招供，而如果嫌犯乙相信嫌犯甲招供，那么他的最佳策略仍是招供。这就是一个纳什均衡，它是“自确定”的。在囚徒困境中，只存在一个纳什均衡。但若将条件改变一下，在许多其他的具体问题中，纳什均衡可能不止一个。

纳什巧妙地运用数学技巧，证明了如下纳什定理：对于任何一个 n 人参与，非合作博弈（零和或非零和），如果每个参与者都只有有限条策略，那么一定存在至少一个纳什均衡解集。像许多科学上最杰出的思想一样，这一概念以极简洁明了的方式解决了悬而未解的难题。看似简单，似乎属于那种“本来我也能想到”的东西，然而那时除了纳什，一代宗师诺伊曼也没有想到。纳什均衡的提出，对博弈论的发展产生了革命性的影响，纳什均衡的概念已成为现代博弈论的基石和中心（虽然在少数博弈理论家中此点仍有争议）。

纳什的好友，普林斯顿大学经济学教授迪克西特曾说，“如果每次有人说起或写下纳什均衡这几个字，纳什都能拿到一块钱的话，那么他现在会是个大富翁了！”

如何使对手陷入囚徒困境？

人的本质是自私和自利的，如果你能够很好地利用这一点，便可以变不利为有利，让自己走出困境。

当你处于绝对劣势时，只有借助其他人的帮助才能扭转局面，而其他人又不愿意出手相助，你有办法“迫使”那个人与你站在同一条船上吗？博弈论中，的确有一种给对方设置囚徒困境，从而“逼迫”对手与自己达成合作的方法。

东汉时期，班超受命率领使节团出使西域，联合西域各国共同抗击匈奴。到了鄯善国，起初几天鄯善王对班超一行都很友好，可是过了几天，他的态度突然冷淡起来，班超从送酒的仆人口中得知，原来是匈奴的使者也到了鄯善。由于鄯善一直很惧怕匈奴，所以这时的局势对于班超很不利，很有可能鄯善王会把他们抓起来献给匈奴使者。于是，班超当即做出决断，冒险率人乘夜杀了匈奴使者，然后拿着匈奴使者的头去见鄯善王，说：“匈奴使者已经被我杀了，匈奴一定会怪罪你。从今以后，只要你一心一意跟着汉朝抵抗匈奴，匈奴自然不敢来侵犯你们。”鄯善王见此情形，也只得与汉朝合作、与匈奴决裂了。在这个故事里，班超巧妙布局，使鄯善王陷入了一种没有其他退路的困境之中，从而只能选择与汉朝合作，与匈奴断交。

班超杀了匈奴使者之后，鄯善王面临以下几种情境：

第一种情境是非合作，即把班超一行杀了，或是献给匈奴，这样一来，跟汉朝彻底决裂，并继续受匈奴的残酷压迫。

第二种情境是按兵不动，既不合作也不敌对。但由于匈奴使者死在他的地盘上，匈奴肯定会记恨在心，日后定有一场浩劫，而且汉朝也会对他心存不满，两头不讨好。

第三种情境就是和班超代表的大汉王朝合作，一同抵御匈奴，这样，成功的把握还大一些。

我们可以看到，只有第三种情境才是对鄯善王最有利的，所以鄯善王不得不选择与班超合作的策略。班超正是因为看穿了这一点，巧妙地转换了自己的劣势，并把自身的困境与鄯善王的困境“绑”在了一起，迫使鄯善王做出了帮助自己解围的理性选择。

班超为鄯善王设置困境的做法，在现实生活中对我们多有启发。比如：

李四向张三借了一万元钱，张三讨要，而李四无力归还。假如这时李四对张三说："我现在有一笔稳赚不赔的生意，但是缺少本钱，只要五千元就够了。如果你能再借给我五千元作为本钱，我赚了钱就把这次借的五千及上次借的一万一起还给你。否则那一万元钱我现在没法归还，只能等以后有钱时再还你了。"如果张三经过调查确认李四所说属实，那么作为一个理性经济人，为了收回他以前借出去的一万元钱，张三很有可能会做出再借五千元钱给李四的选择。

另外，在现代商业中，这种情形也不少见。如图书出版行业，发行商往往不能及时给出版商结算书款，即使书卖出去了也不肯结算。只有当出版商在发行商那里有了一定的"账底"之后，发行商才陆续给出版商结算"账底"以外的书款。著名出版家张静庐先生在其著作《在出版界二十年》中，叙述了他在20世纪初做出版时所遭遇的这种困境：如果此时出版商不再与发行商合作，那么以前的账底就成了"千年不还，万年不赖"的长期烂账，出版商永远也别想再要回来。在这里，发行商就成功地给出版商制造了一个迫使其合作的"囚徒困境"。

总而言之，在孤立无援的时候，不要一味悲观失望，而是要想办法把你的对手绑在自己的船上，让对手和你陷入同样的困境。此时，他为了保全自己的利益，就会无奈地做出与你合作的选择。

无所不在的囚徒困境

囚徒困境是生活中常见的，不论如何，你一定要做一个掌握主动权的强悍的"囚徒"，让自己成为主宰，这样才不会被对手出卖。

无论是人类社会或大自然都可以找到类似囚徒困境的例子，将结果划成同样的支付矩阵。社会科学中的经济学、政治学和社会学，以及自然科学中的动物行动学、进化生物学等学科，都可以用囚徒困境分析，模拟生物面对无止境的囚徒困境博弈。囚徒困境使用范围广，说明这种博弈的重要性。

以最常见的小事为例。为人父母的大多遇到过这样的类似情形：

“爸爸（妈妈），我要买一个积木！”

“多少钱？”

“一千三百多。”

“这么贵？！你不是有一个吗？”

“那个已经过时了。同学们都有，我也要！”

以上是12岁的学生萌萌放学回到家里和家长的对话。对此，也许有人会指责萌萌不懂事、爱慕虚荣、喜欢攀比、不体念父母赚钱养家的艰辛，但这只是表面现象。目前学生穿的校服是学校统一制作的，单从衣服上看，学生无法分出“三六九等”，不知道谁的父母更有钱、谁在家更受宠。那么比什么？比学习好当然太“老土”，于是比鞋子、比手机、比游戏机。——这和我们成年人之间相互攀比谁家的房子大、车子好等并没有多少区别。

话说，邻居大刘的儿子今年上高二，让他哭笑不得的是，儿子早上上学时穿的是两只一模一样的鞋，晚上回到家里，却一只脚穿“耐克”，另一只脚穿“阿迪达斯”——不懂？这是时尚！据这位品学兼优的高中生说，你要穿个稍微次点的鞋，还没人和你换着穿呢！所以大刘现在的困境是，他如果要孩子不和人攀比，那就无疑是把孩子推到另一个体系——大多数同学之外的体系。这是家长的无奈，也是社会的无奈。

以上就是囚徒困境在现实生活中的生动写照。同学间的攀比，其结果是对大家都不好；但是别的同学都有了，你也得有，否则你就是同学中的“另类”，你就会遭多数同学的白眼。

国家之间军备竞赛的例子与此类似，同样可以用囚徒困境来描述。展开军备竞赛的两国都可以声称有两种选择：增加军备（背叛）或是达成削减武器协议（合作）。两国都无法肯定对方会遵守协议，因此两国最终会倾向增加军备。似乎自相矛盾的是，虽然增加军备会是两国的

"理性"行为，但结果显得"非理性"（例如会影响经济等）。比如冷战时期的美国与苏联。

商业领域，囚徒困境在商业领域也不鲜见，比如价格战、广告战等。让我们看下面一例：

有一年夏天，中国食品行业普遍刮起了涨价风。6月21日，光明、蒙牛、伊利等多家乳品企业聚集南京签署"乳品企业自律南京宣言"。约定取消特价、降价销售等促销方式，这被认为是一种变相的联合涨价。7月26日，统一、康师傅、今麦郎等方便面生产企业宣布集体涨价，幅度为20％～40％。对于联合涨价，厂商们给出的统一理由是：遏制低价竞争，维护行业长远发展。

但是结果怎样呢?

不到两个月，在超市的货架上，方便面"涨价联盟"成员之一就搞起了促销活动——买两包方便面即可获赠一副扑克牌；而有的超市中，某著名品牌方便面则是买五连包送一个酱罐；还有某品牌方便面展开了"买五送一"的活动。

再看牛奶，"买一箱伊利纯牛奶送3袋250毫升牛奶""蒙牛买一箱送一袋"……乳制品业的知名品牌无一例外，全部参加了促销活动。超市的促销广告牌上标明促销活动时间为7月24日至8月10日，是在乳制品业"涨价联盟"形成之后。

为什么这些当初如此高调、如此信誓旦旦的价格联盟这样不堪一击？博弈论中的"囚徒困境"能给出令人信服的解释。

假设乳制品市场有两个寡头同时面临着降价与不降价的选择，如果双方都不降价，则双方都保持原来的销售利润，增加的盈利为0；如果双方都降价，则各减少50个单位；如果甲厂降价而乙厂不降价，那么甲通过降价扩大了市场份额，盈利增加100个单位，而乙因为坚持不降价而失去了市场，盈利减少100个单位；反之，如果乙降价而甲不降价，而乙盈利增加100个单位，而甲盈利减少100个单位。那么从双方最好的结果来看，就是双方都不降价（相当于"囚徒困境"中的两个人都不认罪）。但如同囚徒困境一样，只有降价才是每个企业的优势策略——

如果对方不降价，我最好降价（我不降价得 0，降价得 100）；如果对方降价，我更得降价（我不降价减少 100，降价减少 50）。

显然，从参与竞争各方最好的结果来看，就是都不降价。而在现实中，几乎所有的公司都不可避免地陷入了价格战的囚徒困境中。

摆脱困境的胜利大逃亡

要相信你的朋友和战友，只有信任才能让同一利益战线上的人不被击垮。

我们已经知道，囚徒困境是每个人都在根据自己的利益做出决策，但结果是谁也得不到好处，也就是每个人在自利心理的驱使下，导致所有人的利益“同归于尽”。那么，能否打破囚徒困境，使处于囚徒困境中的人彼此协调自己的行动，从而使双方的利益都达到最大化呢？答案是肯定的，以下就是走出囚徒困境常见的法则。

1. 施以报复：不敢发生背叛行为

假如每一个拒供的囚徒都可以在刑满释放后对供认的囚徒实施报复，那么每个囚徒就可能因担心未来的报复而选择拒供，使得“拒供，拒供”成为均衡的结果。合作达成了。

司法实践中我们可以看到有很多犯罪团伙的成员，被捕后拒不坦白。这在很大程度上与惩罚机制有关。因为在一些犯罪团伙中，如果出卖“兄弟”，将导致报复。正由于这种报复与惩罚机制的存在，囚徒间彼此合作，从而打破了“囚徒困境”的局面。这与更为普遍的职业道德约束、战场纪律等如出一辙。

美国作家威廉·庞德斯通（William Poundstone）在他的著作中，以实例说明了囚徒困境的这一解决方案。在新西兰，报亭既无管理员也不上锁，买报纸的人自行放下钱后拿走报纸。当然某些人可能取走报纸却不付钱（背叛），但由于大家认识到如果每个人都偷窃报纸（共同背叛）会造成以后不方便的有害结果，这种情形很少发生。这例子特别之处是新西兰人并没有被任何其他因素影响而能脱离囚徒困境。并没有任何人特别去注意报亭，人们守规则是为了避免共同背叛带来的恶果。这种避免囚徒困境的大家共同的推理或想法被称为“异想”。

2．契约合作：建立相互信任的关系

在囚徒困境中，假如每个人都彼此相信对方不会招供，那么合作拒供的结果也可以出现。因此，合作的关键是相互信任，也就是说，如果能够达成一种信任关系，那么也就可以达成合作。

如何达成相互信任的关系呢？一个很有效率的方案是：签订一份对双方都有约束力的，且对背约者进行严厉惩罚的契约。比如在商业领域，即使是未曾有过合作关系的人，也能通过订立合同而相互信任，进而达成合作。因为合同中会带有违约条款，谁不遵守合同，谁就将承担对自身极为不利的法律后果（如支付违约金、赔偿损失等）。

当然，签订合同与诚实信用地去履行合同是两回事，也就是说，并非签了合同就能使双方建立信任进而达成合作，但比起没有合同来，签订合同显然更有利于打破（背叛，背叛）这一囚徒困境。

3. 忠诚文化：打造强悍的团队

电视剧《亮剑》受到很多观众的喜爱。尤其是独立团的战士们在战斗中不怕牺牲、争先恐后地往前冲给人留下了深刻的印象。

我们知道，在一场战斗中，冲到最前面总是最危险的，相对落后就意味着相对安全，而且你不能因为某个士兵相对落后就说他胆小怕死或者临阵脱逃，因此军法是用不上的。根据囚徒困境，如果士兵有足够的理性，那么是没有人愿意冲在最前面的，因为每个人都会等着他人冲锋陷阵。

那么，李云龙的独立团战士们为什么还要往前冲呢？政委赵刚的一席话道出了其中的秘密：“一支部队，也是有气质有性格的。而这种气质和性格，是与首任的军事主官有关。他的性格强悍，这支部队就强悍。

这支部队就有了灵魂。从此以后，这支部队不管换了多少茬人，它的灵魂仍在。”

这就是军队的忠诚文化，对国家的忠诚、对军人职责的忠诚、对战友的忠诚。有了这样的文化，战士们在冲锋时自然是争先恐后，囚徒困境的问题也不复存在。而没有这种文化的军队，在战斗中则往往一触即溃。

忠诚文化对于企业也同样适用。本来“大锅饭”中的偷懒行为是难以破解的囚徒困境，可是一旦植入企业文化，情形就会大大改观。经济学家莱宾斯坦就曾建议培育合作的企业文化，以此来克服团队生产中的囚徒困境。

4. 长期关系和重复博弈

我们都知道，吸烟可以得到一时的快感，但会导致日后的健康问题。对于只顾眼前而不管将来的人来说，吸烟将是他的最佳选择。同样的道理，在囚徒困境中，如果人们只顾眼前而不顾将来，则背叛是最好的选择。尤其在博弈只有一次的情况下，背叛简直就成了不二的选择。

可事实上，有的博弈是重复的。比如商业合作，往往不仅限于一次。如果你这次选择了背叛，虽然就这一次博弈考察你占到了便宜，但你失去了以后合作的机会，从长远考察则是吃了亏。因此，一个理性的人为了从合作中持续不断地获得利益（而不是“一锤子买卖”），则必然会选择忠诚而非背叛。也就是说，对于理性经济人而言，他会为了长远的将来利益而牺牲眼前的利益。事实上，重复博弈（建立长期合作关系）正是破解囚徒困境的一个良策。有关重复博弈的详细论述，我们将放在下一章中。

画重点

1. 在我们孤立无援的时候，可以使用“囚徒困境”的原理扭转颓势，让自己走出困境。

2. “囚徒困境”是一种带有博弈性质的心理活动，打击报复、契约合作、忠诚文化、重复博弈等手段可以帮助我们走出囚徒困境。

第二章

重复博弈：重复促成合作

重复博弈是一种特殊的动态博弈。在重复博弈中，每个参与人很难弄清重复博弈的结构，他们在每个阶段选择的策略依赖于其他参与人过去的行为。彼此之间重复的长期博弈，会使人们做出符合全体利益的行为决策。

何谓重复博弈

在现实中，只要竞争时期足够长，竞争的双方都预期未来还要进行很多次博弈，那么，竞争的结构就可能近似于无限次重复博弈，使双方在竞争中出现相互合作的局面。

顾名思义，重复博弈是指同样结构的博弈重复许多次。它是一种特殊的博弈，在博弈中，相同结构的博弈重复多次，甚至无限次。其中，每次博弈称为“阶段博弈”。在阶段博弈中，参与人可能同时行动，也可能不同时行动。因为其他参与人过去的行动的历史是可以观测的，因此在重复博弈中，每个参与人可以使自己在每个阶段选择的策略依赖于其他参与人过去的行为。

在重复博弈中，每次博弈的条件、规则和内容都是相同的，但由于有一个长期利益的存在，因此各博弈方在当前阶段的博弈中要考虑到不能引起其他博弈方在后面阶段的对抗、报复或恶性竞争，即不能像在一次性静态博弈中那样毫不顾及其他博弈方的利益。当博弈只进行一次时，每个参与人都只关心一次性的支付；如果博弈是重复多次的，参与人可能会为了长远利益而牺牲眼前的利益，从而选择不同的均衡策略。有时，一方做出一种合作的姿态，可能使其他参与人在今后阶段采取合作的态度，从而实现共同的长期利益。因此，重复博弈的次数会影响到博弈均衡的结果。

根据重复博弈的重复次数，可以将其分为有限次重复博弈和无限次重复博弈。

影响重复博弈均衡结果的主要因素是博弈重复的次数和信息的完备性。在重复博弈中，参与人存在着短期利益和长远利益的均衡，有可能为了长远利益牺牲短期利益而选择不同的均衡策略。重复博弈的这个结果，为现实中的许多合作行为和社会规范提供了解释。信息的完备性之所以影响均衡结果，是因为如果每一个参与人的特征不为其他参与人所知时，该参与人就很有可能积极建立一个好声誉，以换取长远利益。

我们往往发现，不同品牌的相同商品的价格往往相差无几，例如百事可乐和可口可乐。下面用一个关于产品定价的例子分析重复博弈。

以两个同样生产茶饮料的厂商A和B的定价决策为例，在一次性博弈中，厂商A和厂商B都存在上策，上策均衡是双方都定低价，以保证卖出更多的商品。

而在现实生活中，由于这个博弈可以重复无数次，那么，厂商A和B为了长期利益，往往进行试探性出价。在第一次博弈时，厂商A出高价以寻求竞争对手的合作，一旦厂商B为了短期利益采取不合作行为，那么就会建立厂商B是不可信任的信念，在下一次的博弈中都采取不合作的低价行为，使对局人的长期利益受损。

可见，如果厂商B在第一次博弈中采取不合作策略，那它当时得到的高收益会在以后博弈中因厂商A的报复性策略而抵消，甚至在重复博弈若干次后出现损失。

假如厂商A开始制定高价策略，厂商B也定高价，那二者都能获利；但是，如果厂商B接着制定的却是低价，那在第一次博弈中，它必然会获得高收益，但是随后，厂商A必然会用相同的低价行为而使其受损。这种策略被称为“以牙还牙”策略，这种策略使A在初始选择合作，如果B合作，那么A也会一直合作下去；若B在某一次博弈中选择不合作，那么A在以后博弈中都采取不合作策略。“以牙还牙”策略意味着任何一个参与人的一次性不合作将会引起永远的不合作。这样，所有参与人为了长期利益，大都会在无限次重复的非合作博弈选择合作。

而在有限次重复博弈中，假定重复有限的 n 次，这意味着所有参与人都能预测到最后一次（第 n 次）的收益。在第 n 次博弈中，各参与人都知道对方的“以牙还牙”，但是他们也知道如果在这次博弈中自己选择低价的上策，将使自己受益而其他参与人受损，且也不会留给对方报复的机会（博弈到第 n 次结束）。所有参与人都明白这一点，因此在最后一次博弈中将都采取低价策略，这与一次博弈的上策均衡结果相同。

在现实中，市场竞争者很难弄清重复博弈的结构。由于厂商难以预期自己在什么时候会结束经营，也不清楚与对手的竞争何时是第 n 次博弈。因此，只要竞争时期足够长，竞争的双方都预期未来还要进行很多次博弈，那么，竞争的结构就可能近似于无限次重复博弈，使厂商在竞争中出现相互合作的局面。

路遥知马力，日久见人心

无论是试玉、辨材还是识人，都不能根据一时一事的现象下结论，而要从或长或短的时间和历史上来衡量。

重复博弈可以减少信息的不对称性，从而带来博弈参与人之间的一种均衡。我国有一句俗语正反映了重复博弈的这种作用——“日久见人心”，它是指日子长了，就可以看出一个人的为人怎样。其出处为宋朝的陈元靓所编的《事林广记》卷九：“路遥知马力，事久见人心。”为什么日久就会见人心呢？这是因为，日子长了，人们间的博弈的次数多了，掌握越来越多关于对方的为人等方面的信息，就会对对方逐渐了解和熟悉起来。

曾经有这样一个故事：有一个人，刚搬进新买的房子，就对院子全面整顿，杂草杂树一律清除，改种自己新买的花卉。某日，原房主回访，进门大吃一惊地问，那株名贵的牡丹哪里去了？这个人才发现，他居然把牡丹当草除掉了。后来他又买了一栋房子，虽然院子更是杂乱，他吸取了原来的教训一直按兵不动。果然，冬天里以为是杂树的植物，春天里开出了繁花；春天里以为是野草的植物，夏天里花团锦簇；半年都没有动静的小树，秋天时居然红了叶。直到暮秋，他才认清哪些是无用的植物而大力铲除，并使所有珍贵的草木得以保存。虽为珍木，却不可能终年开花结果，花朵等待花期，红叶需逢秋霜，花园里良莠不齐，若凭一时一季之见，难免摧折秀木。

人非草木，也非动物，人不仅仅需要机会，还会主观地掩饰自己的本来面目。刚刚调到新的工作单位，人们通常会有积极的表现，希望给领导和同事留下良好的第一印象，日子一久，就难免会懒散懈怠；家里有重要的客人拜访，主妇会把房间打扫得一尘不染，但是客人离开后很快就恢复平日的杂乱；初坠爱河的情侣，都在彼此面前展现最好的一面，等结婚多年以后，都会以真实的状态生活；良辰美景，花前月下，山盟海誓能不能经得起漫长的岁月？两肋插刀，赴汤蹈火，兄弟义气是否经得起利益的诱惑……

世事如棋，人心难知，广泛存在的信息不对称使我们时时刻刻需要面对他人欺骗和自身失误的风险。唐朝诗人白居易有一首著名的放言："赠君一法决狐疑，不用钻龟与祝蓍。试玉要烧三日满，辨材须待七年期。周公恐惧流言日，王莽谦恭未篡时。向使当初身便死，一生真伪复谁知？"据《淮南子·俶真训》，钟山之玉用炉炭烧三日三夜而色泽不变；而《史记·司马相如列传》语，豫章二木，小时不易辨识，生至七年，乃可分别。周公摄政辅佐幼年周成王时，曾被流言所伤，就避于东；王莽夺权之时，及其谦恭退让以收揽人心。

由此可见，无论是试玉、辨材还是识人，都不能根据一时一事的现象下结论，而要从或长或短的时间和历史上来衡量。因此，随着时间的增加、交往的深入、观察的全面，我们会获得事物和人更多的信息，从而改善信息不对称的局面，方便我们得出比较真实的结论。

重复博弈能走出囚徒困境吗?

重复博弈中的无名氏定理说明，对于相同的个体进行无限次重复博弈，如果参与人具有足够的耐心，则互利的合作均衡可以作为子博弈精炼均衡出现。

如果相同的参与人重复地进行囚徒博弈，那么，每个参与人都将面对新的可选择策略。如果一方在某局博弈中弃信，那么另一方就可以在下一局中选择背信。因此，弃信者必然会因他的“不良”行为而“受到惩罚”。这样的话，在一个重复博弈中，每个参与人都有机会树立合作的声誉，从而鼓励其他人也这样做。这种策略可行与否，要取决于这种博弈是有限次重复博弈还是无限次重复博弈。

在有限次重复博弈中，由于每个人都会知道博弈的次数，是不会走出囚徒困境的。因为此时最后一局就相当于一次博弈的情况，参与人会选择背信以获得最佳的收益。由于可以预期最后一局博弈中大家不可能实行合作，那么在倒数第二局也不会实行合作，那么以此类推，可以得出，参与人会在每一局都选择背信。这是因为，参与人之所以要合作，是因为他们希望合作会引致将来的进一步合作，如果根本不存在将来博弈的可能性，没有人愿意采取合作的战略。

而在无限次博弈中，一方就会有办法影响另一方的行为：如果这次他拒绝合作，那么下一次，你也可以拒绝合作。只要双方都充分关心将来的收益，将来不合作的威胁就足以使他们采取有效率的策略。所以重复博弈会自发地形成博弈主体间的信用机制，出现合作均衡。

重复博弈中的无名氏定理说明，对于相同的个体进行无限次重复博弈，如果参与人具有足够的耐心，则互利的合作均衡可以作为子博弈精炼均衡出现。也就是说，只要交易具有长期性，且交易双方对未来收益的贴现足够高，则双方将从长远利益出发维持相互的合作。交易反复进行则容易建立信用关系，因为合作的长期利益远远大于失信获取的短期利益。信用是在重复博弈中，当事人谋求长期利益最大化的手段。若博弈重复发生，则人们会更倾向于相互信任。

理性行为并不导致社会最优结果，如果交易只进行一次那么市场中便会出现大量互相欺骗的行为，诚信不可能产生。但当交易扩展到无数次之后，合作解便得以出现。只要博弈时间足够长，由于对未来收益的预期，自利的个人，会自愿地选择诚信而不愿意去进行欺诈，从而诚信和作为道德的合作机制得以产生。

在明代的贵州，乡村的市集并不像现在这样便利。而是每个月只交易数次，比如王阳明被流放的地方叫“龙场”，这个地方便选择传统十二生肖中的“龙日”进行交易，每个月只交易 2 ~ 3 次。但是，由于市场范围很小，只进行少数农产品交易，从事商人这种职业的人也极少。不仅所有村庄的人都认识这些商人，而且这些商人都是子承父业，交易可以被看成世代相传的无限次博弈。

由于每个博弈者都考虑到未来的收益而不愿意进行欺诈性的行为以损害未来的收益，从而无限次博弈的合作便会出现，这就解释了传统社会中，作为价值伦理的诚信和儒家教义的重合性，因为诚信是好的，而且是符合博弈者利益的。

现代信用的产生

人们之间重复的长期博弈，会使人们做出符合全体利益的行为决策，道德就是人们在长期博弈中积累起来的经验内化为各自的行为规范，具有明显的功利主义，只要一个社会的游戏规则不变，人们总会形成道德共识。

斯密指出，人是先靠互通有无、互助合作来维系生存的，人类是靠利已心来满足需求的。商品交换是人们互相之间的满足，为了自己的需要而去满足他人的需要。他说:“在所有的国家当中，荷兰这个商业化的国家其守信程度最高。英格兰要比荷兰差一些，但是比苏格兰要好得多——原因可归结为自私——这种自私在英格兰人中和荷兰人中都是一样的。交易者因为害怕失去信誉，因而会很小心地遵守每一项承诺。当一个人一天交易 20 次的话，他就不大可能欺骗别人，因为那样会使他失去更多。当人们之间的交易很少的时候，我们发现人们就有可能进行欺骗，因为通过欺骗得到的东西比他们由此受到的损害要多。”

《大国崛起》中曾讲述了荷兰水手悲壮的故事。1596 年，荷兰的一个船长带着 17 名水手，被冰封的海面困在了北极圈的一个地方。经过 8 个月漫长的冬季，8 个人死去了。但荷兰商人做了一件令人难以想象的事情，他们私毫未动别人委托给他们运输的货物，这些货物中就有可以挽救他们生命的衣物和药品。冰冻时节结束后，幸存的商人终于把货物几乎完好无损地带回荷兰，送到委托人手中。荷兰人有充分的理由权变，他们可以先打开托运箱，把能吃的东西吃了，等到了目的地，加倍偿还托运者。任何人都会同意这种人道的做法，但是，荷兰人没有这样做，他们把商业信用看得比自己的生命更重要。他们以生命为代价，守住信用，创造了传之后世的经商法则。在当时，荷兰本来只是个 100 多万人口的小国，却因为商誉卓著，而成为海运贸易的强国，福荫世世代代的荷兰人。

萨缪尔森曾经说过，“只要能在竞争的市场蒙混过去，商人便会把沙子掺进食糖里去”。商业信用思想和观念不是国民性的问题，而是是否存在商业贸易的自然结果。商品生产和商品交换行为不仅使人们之间产生自由与平等，还给人们带来诚信重诺、守时践约的习俗。可见，社会只要存在着分工与协作的关系，只要存在着交换与交易的行为，那么就存在持续的重复博弈，就需要依靠必要的信用为交往的各方提供某些确定性和某种安全感，使交往活动达到双方预期的结果，保证社会交往的连续性。

在现代社会中，俱乐部制度及商会制度的出现，也在更大程度上增加了交易频率。由于俱乐部成员相对比较固定，从而在内部有更多的交易频率，而人们会对会员的历史和知名度有所评价。当成员违反交易规则或违约时，除了法律和其他外部途径之外，可能会受到被驱逐出俱乐部的威胁。行会内部甚至会将其终生除名。这样的自律制度更有利于诚信制度的建立。这应用在银行业上，便是法律界和银行界人士经常呼吁的个人信用制度。建立个人信用制度，在博弈论上的解释，便是使一次囚徒困境成为无限次从而获得合作解，因为个人一次违反信用，可能会损害其终生收益，从而，诚信更可能建立。

重复博弈和信息完全

重复博弈的次数越多，获得的相关新信息就越多，新信息可以作为补充信息来修正原来的先验信息，进一步弱化信息不对称的状态。

即使在重复博弈中，如果博弈者欺诈的信息没有得到公开传递，那么，博弈便无法诱导出诚信的合作解。可是信息的传递需要成本，很多时候交易者都面临着信息不对称的情况。在小范围内的乡土社会或者小半径范围内的交易比如俱乐部以内，欺诈性的行为很快会被传播，以致其他成员不会与之发生交易。诚信有建立的基石并且很容易维持，但是在一个大规模的范围中，信息的传递机制便可能由于需要高昂的成本而难以运行。假设某家企业的失信行为不能被所有潜在的市场参与者及时发现，比如这家企业这次欠了某银行贷款不还而其他银行不知道，下次欠了另一银行贷款而其他银行还不知道，那么这家企业就会不断地拖欠下去，就没有必要讲信用。因此，如何增加信息的透明度是促进和维持诚信的疑难杂症，那么可以说重复博弈本身便是一剂良方。

2005年诺贝尔经济学奖获得者托马斯·谢林仔细考察了博弈者相互之间的信息沟通程度与博弈结果的相应关系，探讨“协同博弈”形成的条件。谢林要求人们注意“对手间默契合作”的重要性，他讨论了这些自我约束措施的特点，以及在策略冲突中沟通（经常是以默契的方式）的作用。

例如第一次世界大战中，前线战士们自发产生“自己活，也让他人活”的原则。当时前线战壕里的军队约束自己不开枪杀人，只要对方也这么做。这个原则能够实行的原因是，双方军队都已陷入困境数月，这给了他们相互适应和相互了解的机会。重复博弈使博弈双方都更大程度上了解了对方的信息，使更多的私人信息变为博弈双方的公共信息。

以人际间信用关系的发展为例，在重复博弈过程中，在博弈的初期，博弈双方的信用关系通常是以利益得失的权衡为基础的，博弈策略选择的过程是其所带来的收益和成本比较的过程，这时的信用关系可以说是一种“策略信用”。随着博弈次数的不断增加，掌握的对方的信息越来越多，对对方行为有了更多的预测依据，交易的不确定性和交易风险不断降低，这时双方的信用关系是一种“信息信用”。博弈继续进行下去，双方的信用关系将得到进一步强化和发展，产生衍生的信用关系，如“转移信用”，由于对某人非常信任，那么他对第三人的评价就成了是否信任第三人的依据。可见，博弈的过程不仅是参与人行动的过程，而且是参与人不断修正信念的过程。重复博弈的次数越多，获得的相关新信息就越多，新信息可以作为补充信息，来修正原来的先验信息，进一步弱化信息不对称的状态。重复博弈使博弈参与者的决策过程融合进了信息传递过程，使博弈参与者的决策和行动建立在信息传递的基础上，从而突出了信息传递在博弈中的作用和地位，使信息传递过程在博弈中与参与者的行动过程、决策过程交织在一起，有利于博弈主体形成长远预期。

这种重复博弈和信息完全的互相促进就好像日久见人心的过程，人们之间持续的接触揭示了更多信息，而这些信息能够帮助彼此进行后续的接触，逐渐形成完整的认识。

♝ 画重点

1.重复博弈启发我们：做任何事情都不能根据一时一事的现象下结论，而要从或长或短的时间和历史上角度衡量。

2.若相同的个体进行无限次重复博弈，则大家会更倾向于相互信任。

第三章

纳什均衡：走不出的结局

纳什均衡意义重大，它的存在可以和生命科学中发现DNA双螺旋结构相媲美。我们要弄清楚纳什均衡特点，系统思考、对症下药，找到杠杆解，从而扭转不利局势。

何谓纳什均衡

1950年，还是一名研究生的纳什写了一篇论文，题为《n人博弈的均衡问题》，该文只有短短一页纸，可就这短短一页纸成了博弈论的经典文献。在这篇论文中，纳什给出了博弈均衡的定义，即纳什均衡。

春节是中国人重要的节日，除夕夜全家人围在一起守岁，是每个人都向往的场景。但就是这样一个其乐融融的“年”，却让很多才结婚的小夫妻犯难，甚至为了去谁家过年发生争吵。由于很多人常年在外，一年到头春节就成了回家探望父母唯一的机会。结婚之前，一个人来去无牵挂，春节回家那也是不用考虑的问题，但结婚之后，小夫妻就不得不面临着“春节的选择”了。

扬扬与薇薇是一对“80后”小夫妻，二人都是独生子女，对父母都非常孝顺。扬扬希望回东北老家与自己的父母一起过春节，而薇薇则希望回四川老家与自己的父母一起过春节。在无数次争执之后，他们也考虑过“各回各家、各找各妈”的办法。但问题的关键在于，小两口很恩爱，分开各自回家过春节才是他们最不愿意见到的情形。这样一来，他们就将面临一场温情笼罩下的“博弈”。

假设二人回扬扬家过春节，则扬扬的满意度为10，而薇薇的满意度只有5；如果回薇薇家过春节，则扬扬的满意度为5，而薇薇的满意度为10；如果双方意见不一致，坚持各回各家，或者一赌气索性谁家也不去，则他们谁都过不好这个春节，满意度各自为0，甚至为负数。当然从常理推断，基本上不存在薇薇去东北的扬扬家过年、而扬扬去四川的薇薇家过年的可能性。

在这场博弈中，完全看不到哪一方有严格的优势策略——回东北过年不是扬扬的优势策略，因为如果薇薇坚持回四川，他选回东北的满意度只能为 0，而选跟薇薇一起回四川的满意度却还可以是 5。也就是说，对扬扬而言，不存在“无论薇薇是选择回东北还是回四川过年，我选回东北（或回四川）过年总是最好的策略”这一情况。同样的道理，薇薇也没有绝对的优势策略。在这场博弈中，扬扬只能看薇薇回四川过年的态度有多坚决，然后再据此选择自己的策略；薇薇也是如此。

由此引出了博弈论中最重要的概念——纳什均衡。纳什均衡是这样的一种博弈状态：对博弈参与人来说，给定对手选定的一个策略，则我选择的某个策略一定比选其他的策略好，即各方的行动就是针对对方行动而确定的最佳对策。一旦知道对方在做什么，就没人愿意改变自己的做法。博弈论学者把这么一个结果称为“均衡”。这个概念是由普林斯顿大学数学家约翰·纳什提出的，因此被称为“纳什均衡”。

纳什均衡是博弈分析中的重要概念。1950 年，还是一名研究生的纳什写了一篇论文，题为《*n* 人博弈的均衡问题》，该文只有短短一页纸，可就这短短一页纸成了博弈论的经典文献。在这篇论文中，纳什给出了博弈均衡的定义，即纳什均衡。

那么，什么是纳什均衡呢？简单说就是，一策略组合中，所有的参与者面临这样的一种情况：当其他人不改变策略时，他此时的策略是最好的。也就是说，此时如果他改变策略，他的支付将会降低。在纳什均衡点上，每一个理性的参与者都不会有单独改变策略的冲动。

在囚徒困境中存在唯一的纳什均衡点，即两个囚徒选择“招认”，这是唯一稳定的结果。

有些博弈的纳什均衡点不止一个。如在上述夫妻博弈中有两个纳什均衡点：（东北，东北）、（四川，四川），即双方回东北过年，或者双方回四川过年的选择都是博弈中的纳什均衡状态。因为对双方而言，单独改变策略没有好处。比如说两人约定一起回东北过年，则扬扬的满意度为 10 而薇薇的满意度为 5，如果此时薇薇单独改变主意自己回四川了，变成自己和扬扬各得 0，对谁都没有好处；相反如果两人约定一起回四川过年，则薇薇的满意度为 10 而扬扬的满意度为 5，如果此时扬扬单独改变主意自己回东北过年，也变成自己与薇薇各得0，同样对谁都没有好处。所以，两人一起去回东北过年或者一起回四川过年，才是稳定的博弈对局，也能取得一方绝对满意、另一方相对满意而非双方都不满意的结局。

通过上述分析我们可以发现，在这场博弈中，最佳的选择是：如果扬扬坚持回东北过年，那么薇薇最好也跟着回东北过年；如果薇薇坚持回四川过年，那么扬扬最好也跟着回四川过年。

在有两个或两个以上纳什均衡点的博弈中，其最后结果难以预测。在“夫妻博弈”中，我们无法知道，最后结果是一同回东北还是一起去四川。

这种情形是符合现实生活的：当夫妻双方一方坚持己见的时候，另一方常常会迁就一些，做出让步。这个博弈结构的显著特点是，博弈有两组策略选择（不像“囚徒困境”博弈每人只有一个最优策略），博弈双方各自会偏爱一个策略，比如扬扬偏爱双方都回东北过年，而薇薇偏爱双方回四川过年。不过他们之间也存在共同利益，因为任选（东北，东北）与（四川，四川）中的一组策略，他们都可以得到一方基本满意，一方非常满意的结果，而不是两个人都不满意。

纳什均衡给我们的一个启示就是现实生活中经常存在这样一种情况：当你的利益与他人的利益（尤其是与你关系亲密的人）发生冲突时，你要学会设法进行协调。如果现实不允许你最大限度地满足自己的利益，那么退而求其次，总比让双方什么都得不到要强得多。而且你在这次博弈中所失的，可能会在下次博弈中获得补偿。我们假设最终，薇薇同意和扬扬一起去东北过年，那么做丈夫的难免觉得对妻子有亏欠，从而决定下次去薇薇的老家四川过年。

通俗地说，纳什均衡的含义就是：给定你的策略，我的策略是最好的策略；给定我的策略，你的策略也是你最好的策略；即双方在对方给定的策略下不愿意调整自己的策略。纳什均衡是博弈论中的重要概念，同时也是经济学的重要概念。

诺贝尔经济学奖获得者萨缪尔森有一句幽默的话：你可以将一只鹦

鹉训练成经济学家，因为它所需要学习的只有两个词：供给与需求。博弈论专家坎多瑞引申说：要成为现代经济学家，这只鹦鹉必须再多学一个词，这个词就是“纳什均衡”。由此可见纳什均衡在现代经济学中的重要性。纳什均衡不仅对经济学意义重大，对其他社会科学意义也同样重大。

纳什均衡有什么用

所谓博弈均衡，它是一种稳定的博弈结果。均衡是博弈的一种结果，但不是说博弈的结果都能成为均衡。博弈的均衡是稳定的，因而是可以预测的。

纳什的想法成为我们指导同时行动博弈的最后一个法则的基础。这个法则如下：走完寻找优势策略和剔除劣势策略的捷径之后，下一步就是寻找这个博弈的均衡。

为什么一个博弈的参与者非得达到这么一个结局呢？我们可以说出好几个理由。没有一个理由本身就有足够的说服力，不过，只要把几个理由结合起来，就能形成一个有力的答案。

首先，存在避免循环推理的必要，因为循环推理帮不上忙。均衡在没完没了的“我知道他知道我知道……”的循环里是稳定不变的，这使参与者对其他人的行动的估计能保持连贯性。各方正确预计别人的行动，并且确定自己的最佳对策。

其次，在这种博弈里，参与者的利益严格相悖。你的对手不能通过引诱你采取一个均衡策略而得到任何好处。你已经充分考虑到他们对你正在做的事情会有什么样的最佳对策。

再次，均衡方法注重实效。要想知道梨子的滋味，就要吃一吃。我们将利用均衡方法讨论许多博弈。希望读者来检验它对博弈结果的预测及这种思维方式产生的行为指导方针。相信这么做会使我们的分析更有意思，比抽象地讨论均衡方法的优点更有意义。

需要注意的是，当我们说博弈的结果是均衡，并不一定是对参与者最有利的结果，更不意味着是对整个社会作为一个整体而言最有利的结果。有利或者不利的评价永远属于另外一个问题，答案视各个案例的具体情况而各有不同。

在经济学中，均衡意即相关量处于稳定值。在供求关系中，某一商品市场如果在某一价格下，想以此价格买此商品的人均能买到，而想卖的人均能将商品卖出去，此时我们就说，该商品的供求达到了均衡。此时的价格可称为均衡价格，产量称为均衡产量。均衡分析是经济学中的重要分析。

那么什么是博弈论的均衡呢？所谓博弈均衡，它是一稳定的博弈结果。均衡是博弈的一结果，但不是说博弈的结果都能成为均衡。博弈的均衡是稳定的，因而是可以预测的。

纳什均衡是一最常见的均衡。它的含义是：在对方策略确定的情况下，每个参与者的策略都是最好的，此时没有人愿意先改变自己的策略。

警察与小偷的最佳对策

没有把真正的问题找出来就盲目采取行动，是最愚蠢的做法。能够找出问题，已经可以说是把问题解决一半了。

是不是所有的博弈均存在纳什均衡点呢？不一定存在纯策略纳什均衡点——所谓纯策略是指参与者在他的策略空间中选取唯一确定的策

略。但至少存在一个混合策略均衡点——所谓混合策略是指参与者采取的不是唯一的策略，而是其策略空间上的概率分布。这就是纳什于1950年提出的纳什均衡。下面我们将在“警察与小偷”的博弈中给出混合策略的说明。

在西部片里，我们常能看到这样的故事：某个小镇上只有一名警察，他要负责整个镇的治安。现在我们假定，小镇的一头有一家酒馆，另一头有一家银行。再假定该地有一个小偷，要实施偷盗。因为分身乏术，警察一次只能在一个地方巡逻；而小偷也只能去一个地方。假定银行需要保护的财产价格为2万元，酒馆的财产价格为1万元。若警察在某地进行巡逻，而小偷也选择了去该地，就会被警察抓住；若小偷去了警察没有巡逻的地方，则小偷偷盗成功。警察怎么巡逻才能使效果最好?

一个明显的做法是，警察对银行进行巡逻，这样，警察可以保住2万元的财产不被偷窃。可是如此，假如小偷去了酒馆，偷窃一定成功。这种做法是警察的最好做法吗？有没有对这种策略改进的措施？

这个博弈没有纯策略纳什均衡点，而有混合策略均衡点。这个混合策略均衡点下的策略选择是每个参与者的最优（混合）策略选择。

对于这个例子，警察最好的做法是，抽签决定去银行还是酒馆。因为银行的价值是酒馆的两倍，所以用两个签代表银行，比如抽到1、2号签去银行，抽到3号签去酒馆。这样警察有2/3的机会去银行进行巡逻，1/3的机会去酒馆进行巡逻。而小偷的最优选择是：以同样的抽签办法决定去银行还是去酒馆偷盗，只是抽到1、2号签去酒馆，抽到3号签去银行，那么，小偷有1/3的机会去银行，2/3的机会去酒馆。

警察与小偷之间的博弈，如同小孩子之间玩“剪刀石头布”的游戏，在这样一个游戏中，不存在纯策略均衡，对每个小孩来说，自己采取出“剪刀”“布”还是“石头”的策略应当是随机的，不能让对方知道自己的策略，哪怕是“倾向性”的策略。如果对方知道你出其中一个策略的“可能性”大，那么你在游戏中输的可能性就大。因此，每个小孩的最优混合策略是采取每个策略的可能性是1/3。在这样的博弈中，每个小孩各取三个策略的 1/3 是纳什均衡。由此可见：纯策略是参与者一次性选取的，并且坚持他选取的策略；而混合策略是参与者在各种备选策略中采取随机方式选取的。

在博弈中，参与者可以改变他的策略，而使他的策略选取满足一定的概率。当博弈是零和博弈时，即一方所得是另外一方的所失时，此时只有混合策略均衡。对于任何一方来说，此时不可能有纯策略的占优策略。

从博弈角度看《麦琪的礼物》

从博弈学的角度分析，我们可以得出吉姆和德拉的选择并非理性的结论。

经济学认为，恰恰是每个人的自利行为，促进了社会的发展。比如居民希望生活得更好一些，企业希望利润再高一些，这些都是天经地义的事情，也是理所当然的理性行为。但在伦理上，很多人怀疑这种只希望自己好的自利行为，他们更倾向于“我为人人，无私奉献”的理念，认为这样我们的社会才能得以发展。现实真是如此吗？

以美国作家欧·亨利的著名短篇小说《麦琪的礼物》为例：吉姆和德拉是贫穷且彼此深爱对方的小两口。吉姆有一只祖传的金表，但是穷得没有表链；而德拉有一头令所有女子嫉妒的秀发，但一直没有钱去买她心仪已久的一套梳子。圣诞节的前一天，德拉想给丈夫吉姆一个惊喜，可是她只有一元八角七分钱，她知道这点钱根本不够买什么好的礼物，于是她把引以为傲的褐色瀑布似的秀发剪下来，卖了，换来了 20 美元。找遍了各家商店，德拉花去 21 美元，终于买到一条朴素的白金表链，打算作为送给吉姆的圣诞礼物，用来配上他的那块金表。而与此同时呢，吉姆也想给妻子一个惊喜，他同样卖掉了引以为傲的家传金表，买了德拉羡慕、渴望已久的全套漂亮的梳子作为圣诞礼物。

可结果却是，德拉暂时不需要梳子了，因为她卖了秀发为吉姆买回了表链；而吉姆再也不需要表链了，因为他卖了金表为德拉买了梳子。

这与上文提到的夫妻博弈中的非理性结局何其相似——如果不是为了陪薇薇，扬扬不会去四川过年；如果不是为了陪扬扬，薇薇也不会去东北过年。假如二人事先未经过协调而为了给对方一个惊喜，春节的时候薇薇买了两张去东北车票而扬扬买了两张去四川的车票，那么出现的情形与《麦琪的礼物》中的结局将是一模一样了！

当然，从爱情的角度来看，每个读者都会为这两个真心相爱的人所感动。就像欧·亨利在作品的结尾写道："在一切馈赠礼品的人当中，那两个人是最聪明的。在一切馈赠又接收礼品的人当中，像他们两个这样的人也是最聪明的。无论在任何地方，他们都是最聪明的人。"但是从博弈学的角度分析，我们可以得出他们的选择并非理性的结论。如果把这件事视为一场博弈，假设小两口往常过着平淡而心心相印的生活，各得 1；如果吉姆把表卖了给德拉买梳子，吉姆得 2，德拉得 3；如果德拉剪去一头秀发换回表链给吉姆，德拉得 2，吉姆得 3。但是吉姆卖表买梳和德拉剪发换链同时发生，那么他们一定都非常伤心，各得 -2。从这个博弈的结果中我们可以看到，吉姆与德拉所选择的"为对方考虑"的策略，恰恰出现了令双方都伤心的结局，而可以设想，假设他们中的任何一个人稍微"自私"一点儿，那么出现的结局就会不一样了。

在日常生活中，人们馈赠礼物也开始讲究要给受礼人惊喜。比如妈妈要过生日了，孝顺的女儿想在妈妈生日那天送给妈妈一个惊喜，于是想破了脑袋买了一个礼物，而这个礼物可能在妈妈看来是又贵又不实用的。《麦琪的礼物》恰恰告诉我们，惊喜是奢侈品，如果你还不富裕，你很可能享受不起。可供对比的是，在一些发达国家，人们在发送邀请函的时候，往往会注明希望收到什么礼物，这样，就避免了送礼物的人为了带给接受礼物的人"惊喜"而导致礼物无用的情况。而这正是自利的行为带给双方效益最大化的启示。

强硬形象带来的现实好处

作为管理者，如果树立起“铁腕上司”的形象，就可能从中获得好处。一个粗暴的、不近人情的上司往往令员工更为畏惧，而不敢与其针锋相对。

在生活中我们经常会看到这样一种情况：当一个任性的孩子的某个要求不能被满足时，其“撒手锏”往往是大哭大闹。此时父母如果对孩子的哭闹采取强硬态度，不予理睬，通常情况下孩子一会儿也就“偃旗息鼓”，该干什么干什么去了。如果父母此时采取软弱态度对孩子“妥协”，而孩子发现这招奏效，以后再有要求不被满足的时候，还会使出哭闹的策略，而父母只能一再地“妥协”下去。我们可以看到，在这个博弈中的纳什均衡是（强硬，妥协）和（妥协，强硬），即如果父母强硬，则孩子妥协；如果孩子强硬，则父母妥协。在这种情况下，如果父母树立起强硬的形象，就可以在对孩子的管教中获得好处：孩子见到自己哭闹的招数无法奏效，自然也就无法以此胁迫父母满足其不合理要求。

这就是纳什均衡给我们的另一个启示：从现实利益出发来考虑，在博弈中，建立强硬形象或取得强势地位对自身是有好处的。比如一个单位里上下级间的博弈。我们姑且把对待下属非常强硬的上级称为“铁腕上司”，把对待上级毫不买账的下属称为“鹰派下属”，那么当一个铁腕上司与一个鹰派下属面对某件具体的事件发生冲突时，什么样的状况才能达到一种博弈的均衡呢？

假设铁腕上司与鹰派下属面对问题各自都可以选择对彼此的强硬态度和屈从态度，通过纳什均衡我们不难发现，这个博弈中的纳什均衡是（强硬，屈从）和（屈从，强硬），即如果上司强硬，则下属应屈从；如果下属强硬，上司最好屈从。这与我们通常所看到的单位中的状况是一样的，如果上司态度坚决，下属只好委曲求全；如果下属完全不买账，上司只好做出一些让步。

战国时赵武灵王推行“胡服骑射”的过程很恰当地说明了这一问题：赵武灵王欲提高赵国军队的战斗力，决定取胡人之长补中原之短，提出“着胡服，习骑射”的主张。可是没想到“胡服骑射”这样的强兵良策还没有下达，就遭到许多顽固贵族的反对。后来赵武灵王正式发布“胡服骑射”的政令，号令全国着胡服，习骑射，并带头穿着胡服去会见群臣，他还亲自训练将士，让他们骑马射箭，转战疆场，并结合围猎活动进行实战演习。一直持反对意见的赵国公子成等人见无力阻挠，就在四下散布谣言说：“赵武灵王平时就看我们不顺眼，现在故意这样做是为了羞辱我们。”赵武灵王听到后，立即召集群臣，当着他们的面用箭将城门楼上的枕木射穿，并严厉地说：“有谁胆敢再说阻挠变法的话，我的箭就射穿他的胸膛！”公子成等人见赵武灵王推行胡服骑射的态度如此坚决，从此以后也就不敢胡说八道了。

这个博弈告诉我们，作为管理者，如果自己树立起“铁腕上司”的形象，就可能从中获得好处。一个粗暴的、不近人情的上司往往令员工更为畏惧，而不敢与其针锋相对，那么均衡的结果很可能是自己强硬而下属屈从。

而反过来说，作为一个下属，如果你素有鹰派下属形象，那么上司可能也会让你三分。但需要注意的是，“鹰派下属”的形象应该是凭真才实干及出色的工作业绩“挣”来的，如果本事不大，脾气不小，一味地强硬到底，那么上司往往不会选择屈从于你，而是也会选择强硬，最终的结果只能是你被迫出局。

♝ 画重点

1.纳什均衡概括起来，就是博弈的所有参与人都为了满足自己的个人利益而选择牺牲集体利益，最终导致的全体参与人都吃亏的均衡状态。

2.纳什均衡告诉我们：所有的博弈至少存在一个混合策略均衡点，而且这个均衡点是每个参与人的最优策略选择。

第四章

智猪博弈：搭便车最省力

俗话说：“好风凭借力，送我上青云。”在现实生活中，只有我们头脑敏感，善用智猪博弈，就能借助外在的力量，走向成功。

何谓智猪博弈

在适当的时候，不妨搭个便车，省点力气，吃点免费的午餐，达到事半功倍的效果。

有一个著名的模型叫作“智猪博弈”。这个模型的主角是我们熟悉的猪：

假设猪圈里有一头大猪、一头小猪。猪圈的一头有食槽，另一头安装着控制饲料供应的按钮，按一下按钮会有一定单位的饲料进槽，两头隔得很远。假设两头猪都是理性的猪，也就是说它们都是有着认识和实现自身利益的猪。再假设猪每次按动按钮都会有 10 个单位的饲料进入食槽，但是并不是白白得到饲料的，猪在按按钮及跑到食槽要付出的劳动会消耗相当于 2 个单位饲料的能量。

还有就是当一头猪按了按钮之后再跑回食槽的时候吃到的东西比另一头猪要少。也就是说，按按钮的猪不但要消耗 2 个单位饲料的能量，还比等待的那头猪吃得少。

再来看具体的情况，如果大猪去按按钮，小猪等待，大猪能吃到 6 份饲料，小猪 4 份，那么大猪消耗掉 2 份，最后大猪和小猪的收益为 4 ∶ 4；如果小猪去按按钮，大猪等待，大猪能吃到 9 份饲料，小猪 1 份，那么小猪消耗掉 2 份，最后大猪和小猪的收益为 9 ∶ -1；若两头猪同时跑向按钮，那么大猪可以吃到 7 份饲料，而小猪可以吃到 3 份饲料，最后大猪和小猪的收益为 5 ∶ 1；最后一种情况就是两头猪都不动，那它们当然都吃不到饲料，两头猪的收益都为 0。

我们可以看到，当采用大猪按按钮，小猪等待的策略时，这个时候，大猪和小猪的净收益都是 4 个单位的饲料。而且我们可以看到的一个奇怪现象就是，如果小猪主动劳动，那么小猪的收益居然是 -1，对于小猪来说，这比都躺在那儿还要吃亏，小猪当然是不会干的。

那么就是说，如果是小猪按动按钮，则大猪会在小猪到达食槽前把饲料全部吃光，如果是大猪按动按钮，则大猪到达食槽时只能和小猪抢食残羹冷炙。既然小猪劳动不得食，则小猪不会主动按钮，而大猪为了生存，尽管只能吃到一部分，还是会选择劳动（按钮）。那么，在两头猪都有智慧的前提下，最终结果是小猪选择等待，只要搭顺风车就可以了。

对于大猪来说，小猪有了这个选择，那么大猪就只有两种结果了，要么也不动，那么两头猪就等死了，要是自己去按按钮的话还有 4 份饲料可以吃。所以，对大猪来说，等待是一种劣势的策略。我们已经说过了，假设大猪和小猪都是理性的智猪，那么当大猪知道小猪不会主动去按按钮的时候，它亲自去动手总比不动要强，因此为了自己的利益而主动地奔走于按钮和食槽之间。

也就是说，不管大猪采取什么样的策略，对于小猪来说，劳动都是一个劣势策略，因此最开始就可以除掉这种可能。在剔除了小猪的按按钮这种方案以后，大猪就只有两种方案可供选择。在这两种策略里面，等待是一种绝对的劣势策略，所以也被剔除掉。所以在剩下的策略里面就只剩下小猪等待、大猪按按钮这个可以供选择的策略了，这就是智猪博弈的最后均衡。

结论就是：对于小猪来说，如果不仔细思考就开始劳动的话，会得不到任何好处。所以，有时候慢一点反倒是好的。

智猪博弈给我们的启示就是：生活中有些事情其实用不着自己费力，不妨找机会搭个便车，又省力又实惠，这样的美事谁不希望呢？比如我们所熟知的名人效应，其实都是搭便车的“小猪”在借“大猪”的力量为自己谋取收益。

从前，有个出版商手里有一批滞销书，为了能卖出去，他想了很长时间的办法。一天，他脑袋灵光一闪，想到了应对的策略：他给总统送了一本滞销书，并再三要求其为自己提建议。总统忙于政务，不愿与他纠缠，于是随口回了一句：“这本书不错。”

出版商有了总统的这句话，便大做文章，他告诉人们：“总统喜欢的书正在出售。”人们一听这话纷纷上前疯抢，很快书就卖完了。

后来，这个出版商手里又有书卖不出去，这次他又想到了总统。总统因为上一次的事情，对他意见很大，于是毫不客气地说：“这本书糟糕透了。”出版商听后，灵机一动，又打起了广告：“现有总统讨厌的书出售。”

这次人们的好奇心又被激发起来，纷纷到书店抢着买。到了第三次售卖的时候，出版商又想求助总统，总统有了前两次的教训，这次不愿意做任何回应，而聪明的出版商则这样写道：“现有总统难以下结论的书，欲购从速。”借着总统的热度，他又大赚一笔。

许多人并未读过“智猪博弈”的故事，但是在自觉地使用小猪的策略。一些企业看到市场上的龙头企业推出了新的产品而风靡一时，便立刻模仿跟进，也是一种搭便车的小猪策略，让大猪花费前期的研究开发、市场推广等费用，等市场前景明朗了，自己再跟进就有稳定的收益了。制定各种经济管理规则的人，要熟悉“智猪博弈”指标；而参与其中的每个人，也要好好思考。

小猪带给人的启示

在自己是“小猪”的时候，要找准值得跟随的“大猪”，这样才能借力发展自己。

对于故事中的小猪来说，躺着不动是无奈的选择。因为小猪的力量小，所以就要找到大猪，利用大猪的实力服务自己，增加自己的竞争力。

现实生活中，只要你头脑灵活，善于思考与行动，就能借助外在的力量。方法有二：一是树上开花，二是借鸡生蛋。总的原则都是“借力”为我所用。

兵法《三十六计》中的第二十九计《树上开花》描述道：“借局布势，力小势大。鸿渐于陆，其羽可用为仪也。”句意为借助某种局面（或手段）布成有利的阵势，兵力弱小但可使阵势显出强大的样子。此计是说弱小的部队通过凭借某种因素，改变外部形态之后，自己阵容显得充实强大了，就像鸿雁长了羽毛丰满的翅膀一样。

尢人不知张飞是一员猛将，但他也有谋略。刘备起兵之初，与曹操交战，多次失利。刘表死后，刘备在荆州，势孤力弱。这时，曹操领兵南下，直达宛城，刘备荒忙率荆州军民退守江陵。由于老百姓跟着撤退的人太多，所以撤退的速度非常慢。曹兵追到当阳，与刘备的部队打了一仗，刘备败退，他的妻子和儿子都在乱军中被冲散了。刘备只得狼狈败退，令张飞断后，阻截追兵。张飞只有二三十个骑兵，怎敌得过曹操的大队人马？那张飞临危不惧，临阵不慌，顿时心生一计。他命令所率的二三十名骑兵都到树林子里去，砍下树枝，绑在马后，然后骑马在林中飞跑打转。张飞一人骑着黑马，横着丈八蛇矛，威风凛凛站在长坂坡的桥上。追兵赶到，见张飞独自骑马横矛站在桥中，好生奇怪，又看见桥东树林里尘土飞扬。追击的曹兵马上停止前进，以为树林之中定有伏兵。张飞只带二三十名骑兵，阻止了追击的曹兵，让刘备和荆州军民顺利撤退，靠的就是这“树上开花”计。

张飞给人的感觉就是一个粗人，他却能想出迷惑别人的招数，其实他的方法并没有什么神奇的，只不过就是借助了地形让别人以为自己很是强大而已。

当自己是“小猪”时，就要学会借力。

有一段时间，美国的佛雷化妆品公司基本独占了化妆品市场。虽然有很多的化妆品公司与其竞争，但是它的霸主地位始终无法撼动。

这时，公司有一名推销员自立门户了，他就是乔治·约翰逊，他还邀请了三个同伴一起创业，其实最开始大家对他的实力很是怀疑，因为在与佛雷的竞争中败下来的大公司已经不计其数了，这样的小公司根本没有竞争力。但是乔治的想法不一样，他觉得他们不是要和佛雷竞争，而是要从佛雷这里分到一杯羹，所以从某种意义上来说，佛雷越发达，对自己也就是越有利，只要借助佛雷的力量就可以了。

果然，乔治说到做到，当自己的产品生产出来之后，他的广告词让大家很是惊讶，当然这是他经过了深思熟虑的，那就是：兄弟姐妹们，当你用过佛雷公司的化妆品之后，再擦上一次约翰逊的粉质膏，你会有意想不到的结果！

从这则广告你就可以看得出来，很是奇特的，它不像一般的广告词一样，总是抬高自己贬低别人，这则广告是在推销佛雷的产品的同时也在推销自己的产品，这就是借助别人已有的声誉，自己什么都不干的策略。

当然功夫不负有心人，让佛雷这头“大猪”替自己开拓市场的方法很灵验，他们把自己的新产品和佛雷的名字摆在一起，消费者们很自然地就接受了约翰逊的粉质膏。走出第一步之后，约翰逊又开始推出一系列的新产品，这时候的消费者已经接受了他们的产品，随之而来的产品就变得不是那么难办了。

经过了几年的努力，他们居然打败了佛雷，成为化妆品市场的新霸主。

这就是一个借助已有产品的声誉打造自己品牌的例子，小猪在最开始力量不足的时候借助大猪壮大自己的实力，扩大自己的市场占有率。

上面的小猪至少还有自己的品牌和一定的实力，如果是头一无所有的“小猪”，又该怎么办呢？这时候可以学会借鸡生蛋。

现任分众集团 CEO 的江南春的创业之路就是借鸡生蛋的最好例子。生性好强的江南春不甘心一辈子为别人打工，看老板的脸色过日子。1994 年 2 月，在读大学三年级的江南春就开始了自主创业之路。同年 7 月，江南春自筹资金，注册创办永怡传播公司，并出任永怡传播公司的总经理。

可是，作为中国最早的一代大学生创业者，1994 年时江南春何以获得百万余元的注册资金？事实上，凭借江南春当年的资金实力，他还不足以成立一家属于自己的广告传媒公司，只能“借鸡生蛋”，靠别人的钱帮助自己注册成立公司。而也就是在1994年的同一时候，港资永怡集团老板为了整合旗下公司品牌，出资100万让江南春组建永怡传播公司。这是一家以创意为主的广告代理公司。只不过，江南春只是拥有公司管理权，永怡传播公司不得不依附于当时的永怡集团，严格意义上说，在法律制度上江南春没有“所有权”。从“管理权”到“所有权”转变的这个过程，江南春又巧妙地使用了“借鸡生蛋”策略。

公司成立之后，自己不是法人代表，但是为了能尽快将公司收归己有，他必须拼命赚钱，通过“还款”或者“购买股份”的方式让永怡传播公司改姓“江”。

于是，成为“江总”的大三学生江南春马不停蹄地为了自己的企业四处打拼。然而，大学阶段就出尽风头的江南春，在面临一年后的毕业时却“感觉到了压力”。为了逃离或是挑战压力，江南春与一位志同道合的朋友合作，成立了东广广告公司。这个公司的运作成功，在相当大的程度上体现了两个年轻人的远见。当时无锡正在大张旗鼓地进行市政建设，受到上海南京路灯火通明的启发，他们凭借“让无锡亮起来”的策划方案拿下了无锡的灯光工程。

“以上海市的‘灯光改造工程’游说无锡市政府在商业繁华地点建立灯箱广告，成本只有百万元，而收益却是六七百万。当然，城市形象也是实实在在地改变了。”江南春说。事实上，这500个灯箱的工程他们没有投入一分钱。因为前期的制作费用是无锡市财政局作为市政工程给贷的款，所以江南春没有投入一分钱，就一鼓作气在无锡做了500个灯箱广告。借你的钱，然后做你需要的产品，产品做好之后，你再用我要求的价格买回去。我来的时候带着创意和能力，走的时候口袋里装满了钱。

这就是“借鸡生蛋”策略的巧妙运用，也凭借着这样的不懈努力与干劲所挣得的这一笔笔的业务让江南春拥有了第一个50万，从而真正意义上拥有了永怡公司的管理权和所有权。同时也让江南春创造了白手起家、空手套“永怡”的商业奇迹。

对于白手起家的创业“小猪”来说，可以通过自己的智慧和策略，直接或间接地使用别人的资金，如通过向银行借贷或与他人合作等方式，来弥补自己资金方面的不足，走出困难的局面，从而开创出自己的一番事业。

平衡大小猪的收益

不管你是大猪，还是小猪，你的周围总会充满了各种各样的大猪、小猪，心里盘算着如何让自己获取最大的收益。开动脑筋，事半功倍地达到想要的结果。

在智猪博弈里，小猪是最大的受益者，因为它不必付出任何劳动就能获得食物。但是，实际生活中，作为一个有理性的人，谁都不愿意甘冒风险而为他人带来好处。如果是这种情况，智猪博弈便无法形成。“各人自扫门前雪，莫管他人瓦上霜”，其结局必然是整体利益受到损害。

在智猪博弈的模型中，要摆脱大家都无法生存的困境，就要让双方的期望值不同，然后由一方做出现象上的让步。实际上，让步的这一方，只是在表面上看起来是谦让，而不是无原则无目的的让步，绝不像孔融让梨那样是出自道德心，而是出自自己理性的盘算和对期望值的估计，然后才采取看似让步的举动的。这样一来，别人看来你是让步了。因为表面上是如此的，而你在不违背自己意愿的基础上，打破了困境，实现了自己的期望。这看似愚蠢，实则智慧至极。

而对于管理者来说，就要多思考一下了。在这场博弈中，小猪之所以不干活，原因何在？因为，小猪按按钮将一无所获，不按按钮反而能吃上食物。对小猪而言，无论大猪是否按按钮，不按按钮总是好的选择。反观大猪，已明知小猪是不会去按按钮的，自己去按按钮总比不按强吧，所以只好亲力亲为了。

这种“小猪躺着大猪跑”的现象是故事中的游戏规则所导致的。规则的核心指标是：每次落下的食物数量和按钮与食槽之间的距离。

作为一个组织或者一个企业的管理者，为了整体利益，你必须重新设置游戏模式，改变核心指标，猪圈里可能就不会出现同样的“小猪躺着大猪跑”的景象了。试试看：

改变方案一：减量方案。投食仅是原来的一半分量。结果是小猪大猪都不去按按钮了。小猪去按按钮，大猪将会把食物吃完；大猪去按按钮，小猪也将会把食物吃完。谁去按按钮，就意味着为对方贡献食物，所以谁也不会有按按钮的动力了。

如果目的是想让猪们去多按按钮，这个游戏规则的设计显然是失败的。

改变方案二：增量方案。投食为原来的一倍分量。结果是小猪、大猪都会去按按钮。谁想吃，谁就会去按按钮。反正对方不会一次把食物吃完。小猪和大猪相当于生活在物质相对丰富的社会，所以竞争意识不会很强。

对于游戏规则的设计者来说，这个规则的成本相当高（每次提供双份的食物）；而且因为竞争不强烈，想让猪们去多按按钮的效果并不好。

改变方案三：减量加移位方案。投食仅原来的一半分量，但同时将食槽移到按钮附近。结果呢，小猪和大猪都在拼命地抢着按按钮。等待者不得食，而多劳者多得。每次的收获刚好消费完。

对于游戏设计者，这是一个最好的方案。成本不高，但收获最大。

原版的“智猪博弈”故事给了竞争中的弱者（小猪）以等待为最佳策略的启发。但是对于社会而言，因为小猪未能参与竞争，小猪搭便车时的社会资源配置并不是最佳状态。为使资源最有效配置，规则的设计者是不愿看见有人搭便车的，政府如此，公司的老板也是如此。能否完全杜绝“搭便车”现象，就要看游戏规则的核心指标设置是否合适了。

比如，公司的激励制度设计，奖励力度太大，又是持股，又是期权，公司职员个个都成了百万富翁，成本高不说，员工的积极性并不一定很高。这相当于“智猪博弈”增量方案所描述的情形。但是如果奖励力度不大，而且见者有份（不劳动的“小猪”也有），一度十分努力的大猪也不会有动力了——就像“智猪博弈”减量方案所描述的情形。最好的激励机制设计就像改变方案三——减量加移位的办法，奖励并非人人有份，而是直接针对个人（如业务按比例提成），既节约了成本（对公司而言），又消除了“搭便车”现象，能实现有效的激励。

有两个矿区老板，一个老板很是大方，给自己的工人的工资比哪儿的都要高。而另外一个老板就不是这么想的，他觉得矿区是自己开发出来的，工人只给一些基本的工资就可以了，其他的都应该归自己所得。

前一个矿区的工人得到了除生活费以外的更多工资，他们除了自己的基本生活外，还能够做一些其他的消费，扩大自己的生活范围。逐渐地，这边的工人都活得很滋润，平时大家该怎么娱乐就怎么娱乐。而这个矿区的老板又开始在附近开办了很多的消费场所，赚取了更多的钱，发给工人的工资更多，大家干事也更卖力。良性循环进行着，矿区也在完善，安全措施之类的都做得很好。渐渐地，这个地方就成为一个繁华的小城镇。

而另外一个矿区却是另外一番景象，这个老板本来想要最大化地榨取工人，可是渐渐发现工人的劳动生产率很低，怎么惩罚都没有用，大家好像都联合反对。慢慢地，这里越来越荒凉，矿区还总出事，医药费都花掉了不少，他自己就不明白这究竟是怎么回事。其实很简单，就是分配出了问题，当你多劳了也得不到更多的时候就没有了积极性。

所以，作为一个管理者就要注意，如果不给“大猪”更多的收益，你的团体中就会出现越来越多的“小猪”，一定要激励“大猪”，让大小猪之间的收益达到某种平衡，这样才能给自己的团队带来更多的利益。

激励机制是现代企业管理中常用的手段，也是非常有效的手段，这种机制可以更有效地调动大家的积极性，全身心地投入自己的工作中去，把失误降到最低。当然，这种考核机制在实行过程中一定要做到公平，赏罚要分明，这样才可以达到预期的效果。

要平衡大小猪的收益，就要设立公正合理的考核机制、激励机制，建立完备科学的薪酬体系。要想达到这个目标，必须至少遵循以下几个原则：

1. 认可性原则

如果设计出来的机制和体系不能为员工所认可和接受，那么无论其技术方面做的是多么出色也是没有任何成效的。因此要让员工明白现行的薪酬决策是怎样做出的，工资结构为什么要设计成某种形式，企业为什么要对工资结构做出某种调整，为什么这种决策是最适合本企业的，等等。可以采用让员工参与到薪酬决策中来及运用有效的方式与员工进行沟通等方法来使员工认可和赞同薪酬体系。

2. 公平性

它是指企业员工对薪酬分配的公平感，也就是对薪酬发放是否公正的认识与判断，是设计薪酬制度和进行薪酬管理时首要考虑因素。公平的赏罚是取得员工的信任、争取员工支持并为企业做出更大贡献的基础，一般来说，合理的薪酬应满足以下三个条件：(1) 外部公平性。同一行业同一地区或同等规模的不同企业中类似职务的薪酬应基本相同，因为此类职务对员工的知识、技能与经验要求相似，付出的脑力和体力也相似，薪酬水平也应大致相同。(2) 内部公平性。即同一企业不同职务的员工所获得的薪酬应正比于其各自对企业做出的贡献，只要比值一致便是公平。(3) 自身公平性。即同一企业中相同职位的员工，其所获得的薪酬应与其贡献成正比，同样，不同企业中职位相近的员工，其薪酬水平也应基本相同。

3. 竞争性

竞争性是指在社会上和人才市场中，企业的薪酬标准要有吸引力，才足以战胜竞争对手，招到所需人才并留住人才。要有竞争力，就必须为他们提供高于同行业其他企业的薪酬水平。

4. 激励性

激励性是指要在内部各类、各级职务的薪酬水准上，适当拉开差距，真正体现薪酬的激励效果，为每个员工提供公平均等的机会，提倡和鼓励竞争，让聪明富有才智和诚实肯干者在竞争中脱颖而出并获得高报酬，激励员工为追求本企业效益最大化做贡献，反对平均主义分配。

至少遵循以上四个原则，才能设计出一个对内具有公平性，对外具有竞争力的赏罚机制。小猪有吃的，保证不会饿死，大猪有更多吃的，这样才能让你的团队得到更好的发展。

♜ 画重点

1. 智猪博弈告诉我们：生活中有些事情其实用不着自己费力，不妨找机会搭个便车，又省力又实惠。

2. 作为一个管理者，为了整体利益，我们要设立公正合理的考核机制、激励机制，平衡大小猪的收益。

第五章

斗鸡博弈：进与退的智慧

在激烈的竞争中，斗鸡博弈告诉我们一方进，另一方退，双方达成一个不对等的均衡是最好的结果。“打得赢就打、打不赢就跑”才是智者所为。

何谓斗鸡博弈

生活永远给予勇者最丰厚的奖赏，如果你是一只斗志昂扬的斗鸡，那么请鼓起勇气，让自己成为沙场上的常胜将军！

博弈论中有三大模型，一个为“囚徒困境”，一个为“智猪模型”，另一个就是“斗鸡模型”了。所谓斗鸡模型，是这样的：

在斗鸡场上有两只好战的公鸡发生遭遇战，公鸡有两个行动选择：一是退下来，一是前进。

如果一方退下来，而对方没有退下来，对方获得胜利，这只公鸡则很丢面子；如果对方也退下来双方则打个平手；如果自己没退下来，而对方退下来，自己则胜利，对方则失败；如果两只公鸡都前进，那么则两败俱伤。因此，对每只公鸡来说，最好的结果是，对方退下来，而自己不退。

从量化的角度来看，不妨假设两只公鸡如果均选择“前进”，结果是两败俱伤，两者的收益是 -2 个单位，也就是损失为 2 个单位；如果一方“前进”，另外一方“后退”，前进的公鸡获得 1 个单位的收益，赢得了面子，而后退的公鸡获得 -1 的收益或损失 1 个单位，输掉了面子，但没有两者均“前进”受到的损失大；两者均“后退”，两者均输掉了面子且获得 -1 的收益或 1 个单位的损失。当然这些数字只是相对的值。

如果博弈有唯一的均衡点，那么这个博弈是可预测的，即这个均衡点就是事先知道的唯一的博弈结果。但是如果一博弈有两个或两个以上的均衡点，则无法预测出一个结果来。斗鸡博弈则有两个均衡点：一方进另一方退。因此，我们无法预测斗鸡博弈的结果，即不能知道谁进谁退，谁输谁赢。

虽然我们无法预测谁输谁赢，但到最后的关键时刻，必有一方要退下来，除非真正抱定鱼死网破的决心。

斗鸡博弈在生活中比比皆是，不胜枚举。一般说来，如果博弈参与者一方是性格鲁莽、不顾后果的人，而另一方相比而言拥有足够的理性，那么，这位“鲁莽者”极可能是博弈的胜出者。

比如在商业领域，价格战是竞争的常见手段，在价格战初见端倪时，最简单的办法就是树立鲁莽、粗暴的形象，以实际行动来威胁对手：“我们对任何的降价行动都将奉陪到底，如果你要降价，那么就让大家都没好日子过！”曾经美国通用食品公司就采取这种手段赢得了与宝洁公司之间的斗争。

当时美国通用食品公司的 Maxwell House 咖啡占据了东部 43 % 的市场，宝洁公司 Folger 咖啡的销售额则在西部领先。宝洁公司企图扩大在东部市场的份额，于是在俄亥俄州大打广告。而对宝洁公司的做法，通用食品公司立即做出反应，一方面增加了在俄亥俄州的广告投入，另一方面大幅度降价。Maxwell House 咖啡的价格甚至低过了成本。宝洁公司见状，只好放弃在该地区的努力。后来，在两家公司共同占领市场的城市扬斯敦，宝洁公司又增加广告并降价，试图将通用食品公司逼出该地区。通用食品公司又毫不迟疑地采取了报复措施，直接以其行动向宝洁传递了这样一个信号：要打价格战、广告战，本公司奉陪到底。通过几个回合的争斗，通用食品公司的“粗暴的报复者”形象成功树立，所有的企业都明白，谁要跟通用食品公司争夺市场，通用食品公司就将跟谁同归于尽。在以后的岁月里，再没有公司企图通过价格战和广告战与通用食品公司争夺市场。

在这里，通用食品公司所采取的“自杀式报复”其实跟斗鸡博弈中选择的“前进”是类似的。它通过冒险采取这种策略最终成功地使对手感到畏惧且退避三舍。这种情形很符合我们在日常生活中时常听到的一句话：“软的怕硬的，硬的怕横的，横的怕愣的，愣的怕不要命的。”这也是我们通常所说的“狭路相逢勇者胜”的哲学，它在人们的日常生活中同样适用。

此外，“敌进我退、敌退我进”，“打得赢就打、打不赢就跑”……在势不均力不敌的情况下，暂时的退让也是一种策略：敌退我不进，会坐失良机；敌进我不退，硬拼也不明智。打得赢不打，是不能敢于胜利的怯懦；而打不赢还不跑，革命的本钱都会赔进去了。归根到底，博弈双方的行为都是取决于对方的行为，“纳什均衡”究竟表现为谁进攻、谁撤退？选择进攻还是后退，选择妥协还是强硬，是要根据自己的实力和当时的实际情况来判断的。怎样做对自己有利就怎样去做，这才是原则。

斗鸡博弈的解决之道

获取主动权，勇敢前进一步。

前面我们已经提到，在博弈中，纳什均衡点如果有两个或两个以上，结果就难以预料。这对每个博弈方都是麻烦事，因为后果难料，行动也往往进退两难。一个小例子就是两个骑自行车的人相向而行，很容易“碰头”——因为不知道对方会不会躲、往哪边躲，自己也不知该如何反应，于是撞到一起。

自行车相撞一般不会造成什么大麻烦，可是如果换成汽车，就可能出现伤亡。所以，应该有一个强制性的规定，来告诉人们该怎么做。

开车的时候你应该走哪一边？假如别人都靠右行驶，你也会留在右边。套用“假如我认为他认为”的框架进行分析，假如每个人都认为其他人认为每个人都会靠右行驶，那么每个人都会靠右行驶，而他们的预计也全都确切无误。靠右行驶将成为一个均衡。

不过，靠左行驶也是一个均衡，正如在英国、澳大利亚和日本出现的情况。这个博弈有两个均衡。均衡的概念没有告诉我们哪一个更好或者哪一个应该更好。假如一个博弈具有多个均衡，所有参与者必须就应选择哪一个达成共识，否则就会导致困惑。

海上航行也面临同样的问题，尽管大海辽阔，但是航线是固定的，船只交会的机会很多，这些船只属于不同的国家，如何调节谁进谁退的问题呢？

一艘军舰在夜航中，舰长发现前方航线上出现了灯光。舰长马上呼叫："对面船只，右转30度。"

对方回答："请对面船只左转30度。"

"我是美国海军上校，右转30度。"

"我是加拿大海军二等兵，请左转30度。"

舰长生气了："听着，我是'列克星顿'号战列舰舰长，这是美国海军最强大的武装力量，右转30度！"

"我是灯塔管理员，请左转30度。"

即使你官阶、舰船再大，灯塔也不会给你让路。那么，如果是两艘船相遇，又如何决定呢？

海上避碰也有像许多国家规定车辆在马路上靠右走那样不容谈判的规矩。人们规定，迎面交会的船舶，各向右偏一点儿，问题就解决了。十字交叉交会的船舶，则规定看见对方左舷的那艘船要让，慢下来或者偏右一点儿都可以。这就从制度上规定了避让的方式。

这十字交叉交会时如何避免碰撞的规矩，就是上述博弈的两个纳什均衡中的一个。究竟哪一个纳什均衡真正发生，现在就看两船航行的相互位置。如果甲看见乙的左舷，甲要让乙原速直走；如果乙看见甲的左舷，乙要让甲原速直走。

上面的例子是通过规定解决了问题，不过，若是遇到电话打到一半突然断了的事，你该怎么办？

假如你正在和朋友通话，电话断了，而话还没说完。这时有两个选择，马上打给对方，或等待对方打来。注意：如果你打过去，她就应该等在电话旁，好把自家电话的线路空出来，如果她也在打给你，你们只能听到忙音；另一方面，假如你等待对方打电话，而她也在等待，那么你们的聊天就没有机会继续下去。

一方的最佳策略取决于另一方会采取什么行动。这里又有两个均衡：一个是你打电话而她等在一边，另一个则是恰好相反。

一个解决方案是，原来打电话的一方再次负责打电话，而原来接电话的一方则继续等待电话铃响。这么做的好处是原来打电话的一方知道另一方的电话号码，反过来却未必是这样。

另一种可能性是，假如一方可以免费打电话，而另一方不可以，那么，解决方案是拥有免费电话的一方应该负责第二次打电话。

还有一种比较常见的解决方法是，由较热切的一方来打电话，如恋爱中的男女遇到这种情况，通常是由主动追求者打电话。

假如不考虑以上因素，那么打这个电话又得用到这种“混合策略”了：设想双方都投硬币决定自己是不是应该给对方打电话，根据前面给出的条件，两人这种随机行动的组合成为第三个均衡。

假如我打算给你打电话，我有一半机会可以打通（因为这时你恰巧在等我打电话），还有一半机会发现电话占线；假如我等你打电话，那么，我同样会有一半机会接到你的电话，因为你有一半机会主动给我打电话。

每一个回合双方完全不知道对方将会采取什么行动，他们的做法实际上对彼此都最理想。因为我们只有一半机会重新开始被打断的电话聊天，我们知道要尝试两次才能成功接通（平均来说）。

需要再次强调的是：均衡不一定是博弈的最优结果。在“囚徒困境”中，唯一的均衡是一起招认，站在群体的角度，这是最坏的结果。均衡只是博弈的最“稳定”结果，或者说是最可能出现的结果。

用气势压倒对方

善于营造声势，可以不战而屈人之兵。

设想一下斗鸡场上有两只公鸡，其中一只雄赳赳、气昂昂，摆出一副久经沙场、无所畏惧的样子，如果另一只公鸡在气焰上略逊一筹，自然就被对手的声势给震慑住了，节节败退，这就是斗鸡博弈告诉我们的道理：不必针锋相对，大可采用“威慑战略”，做一些虚张声势的表面功夫，让对手自己退缩，这才是斗争的最高境界。

某马戏团表演，驯兽师与老虎关在同一只铁笼中演出。突然停电了，黑暗中，老虎的视线不受影响，虎视眈眈，而驯兽师却什么也看不见，形势凶险。驯兽师突然意识到，老虎并不知道人看不见它，于是他镇定自若地挥舞道具，像平时一样表现出降伏猛兽的勇气。这时老虎在他地指挥下，仍然是一只温驯的“猫”。

有时候，你的对手也不是那么好惹的，万一你怎么营造声势都没有用，他不吃这一套，在那琢磨着怎么拼个鱼死网破，这时候你不妨主动进攻，给他一点颜色看看，让他知道你的厉害，他自然就乖乖后退了。

一个面带菜色、衣着简朴的小伙子乘坐长途汽车，因为带的杂物太多，被司机训斥后蜷缩在车尾角落里。

车行半路，忽然冒出来一个歹徒持械抢劫，原来他混在旅客堆里，逃避了司机的注意。这时候，司机已经被凶狠的歹徒用刀顶住脖子，眼见一场面对全体乘客的抢劫就要发生。那个小伙子突然站了起来，大叫一声：“给我住手！”然后写了一张纸条递了过去。歹徒读罢字条，竟然迅速下车逃跑了。

一场风波化险为夷，大家诧异地问小伙子：“你是警察？”

“不是。”

“你是军人？”

“也不是。”

“那你怎么这么厉害？”

“老实说，我今天正好带着借来的一大笔钱，被他抢走的话我也只有死路一条，所以只得铤而走险了。我在纸条上写的是：‘快滚蛋！我是一个持枪在逃犯，惹火了我，我就杀了你。’”

“横的还是怕不要命的”，“威慑战略”在某些时候还真管用。你给别人的威慑不一定代表你真会那么去做，只是给别人一种震慑力或假象，在生活中采用一些威慑，或许可以解决一些难题。恰如在斗鸡博弈中，有一只公鸡气势汹汹地向前迈一步，意味着“你胆子还真不小，等我给你点颜色看看！”这样对手就被吓住，退让下去。

在日常生活中，我们不仅要会使用“威慑战略”，同时也要能识破对方的“虚张声势”。威慑在什么时候才是可置信的？答案是，“只有当事人在不施行这种威慑时，就会遭受更大的损失。”

警察奉命拦截一支游行队伍，群众情绪激动，警察严阵以待，冲突一触即发。若群众表现出不可遏制的愤怒，警察最好识相让开，否则会被愤怒的群众“踩扁”。但若警察排成铜墙铁壁，并威慑“我们死也不会放你们过去”。真是这样的话，群众就作鸟兽散了。那么如何判断警察的威慑是不是真的呢？如果警察接到了上级的命令“不成功便成仁”的话，那么不要怀疑，他们将不惜代价也要挡住游行队伍了。

要让自己的威慑更加有效，需要做出断绝后路的行为，表达出你孤注一掷的决心，对方才会有所忌惮。

从科学的角度上来说，斗鸡博弈对人的作用，和达尔文生物进化论的观点相一致：在自然界中，到处都存在着一种竞争的法则，在这种竞争法则的作用下，这个世界才显得生机勃勃。如果一个物种失去了竞争，这一物种就会失去活力，死气沉沉而陷入灭绝的边缘。所以，你必须学会让你的对手成为你前进的动力，让你变得越来越强。

退是策略，进是目的

以退为进，以达到目的为胜利。

有一次，世界著名滑稽演员胡珀在表演时说："我住的旅馆，房间又小又矮，连老鼠都是驼背的。"旅馆老板知道后十分生气，认为胡珀诋毁了旅馆的声誉，要控告他。

胡珀决定用一种奇特的办法，既要坚持自己的看法，又可避免不必要的麻烦。于是在电视台发表了一个声明，向对方表示歉意："我曾经说过，我住的旅馆房间里的老鼠都是驼背的，这句话说错了。我现在郑重更正：那里的老鼠没有一只是驼背的。"

"连那里的老鼠都是驼背的"，意在说明旅馆小且矮；"那里的老鼠没有一只是驼背的"，虽然否定了旅馆的小和矮，但还是肯定了旅馆里有老鼠，而且很多。胡珀的道歉，明是更正，实是批评旅馆的卫生情况，不但坚持了以前的所有看法，讽刺程度更深刻有力。

兵法中有一招是"以退为进"，作战如治水一样，须避开强敌的锋头，就如疏导水流；对弱敌进攻其弱点，就如筑堤堵流。"退"是策略，"进"才是目的，这种策略在生活中运用很广。

与人有分歧时，先退一步承认对方说的对，而后抓住机遇进攻驳斥对方不对，这种说话的方法就是以退为进。

三国时期，一位名叫许允的读书人娶了阮家女。行过大礼之后，进入洞房，许允发现新娘貌丑，立即转身，想夺门而出。没想到新娘早有准备，所以许允刚一转身，就被她一把抓住，否则，一旦离去，很难返回。

许允被拉住后，没好气地问道："女子应有四种德行，你具备几种？"

新娘从容地回答道："孝顺父母，尊重丈夫，是其一；说话和气，是其二；能织丝纺麻是其三；貌美，是其四。前三条我都能做到，我所缺少的只是貌美罢了。"说完便反问道："然而读书人应有许多好品德，你又具备几条呢？"

许允自傲而轻率地回答："都具备！"新娘听后，直言不讳道："各种品德中，应把以德取人放在第一位，可你却注重美色，重貌轻德，怎能说都具备了呢？"许允听罢，顿觉惭愧。之后，夫妻互敬互爱，白头偕老。

新娘先承认自己丑，而后反戈一击，击中对方要害，因为重貌不重德，是封建社会的大忌，所以许允被说服了。

古人深谙此道，再来看一则故事：

汉代公孙弘年轻时家贫，后来贵为丞相，但生活依然十分俭朴，吃饭只有一个荤菜，睡觉只盖普通棉被。就因为这样，大臣汲黯向汉武帝奏了一本，批评公孙弘位列三公，有相当可观的俸禄，却只盖普通棉被，实质上是使诈以沽名钓誉，目的是骗取俭朴清廉的美名。

汉武帝便问公孙弘："汲黯所说的都是事实吗？"公孙弘回答道："汲黯说得一点没错。满朝大臣中，他与我交情最好，也最了解我。今天他当着众人的面指责我，正是切中了我的要害。我位列三公而只盖棉被，生活水准和普通百姓一样，确实是故意装得清廉以沽名钓誉。如果不是汲黯忠心耿耿，陛下怎么会听到对我的这种批评呢？"汉武帝听了公孙弘的这一番话，反倒觉得他为人谦让，就更加尊重他了。

公孙弘面对汲黯的指责和汉武帝的询问，一句也不辩解，并全都承认，这是何等智慧——汲黯指责他"使诈以沽名钓誉"，无论他如何辩解，旁观者都已先入为主地认为他也许在继续"使诈"。公孙弘深知这个指责的分量，采取了十分高明的一招，不做任何辩解，承认自己沽名钓誉。这其实表明自己至少"现在没有使诈"。由于"现在没有使诈"被指责者及旁观者都认可了，也就减轻了罪名的分量。

公孙弘的高明之处，还在于对指责自己的人大加赞扬，认为他是"忠心耿耿"。这样一来，便给汉武帝及同僚们这样的印象：公孙弘确实是“宰相肚里能撑船”。既然众人有了这样的心态，那么公孙弘就用不着去辩解沽名钓誉了，因为这不是什么政治野心，对汉武帝构不成威胁，对同僚构不成伤害，只是个人对清名的一种癖好，无伤大雅。

不辩自明，是一种极好的公关技巧。以退为进，更是一种大智慧。

♝ 画重点

1. 斗鸡博弈告诉我们，双方要进行有效的换位思考，不能妄加蛮干，进的一方要给退的一方一定的补偿，这样才能使两者的利益最大化。

2. 在双方的博弈中，为了占据主动权，我们需要学会主动出击，并且善于营造声势。

第六章

猎鹿博弈：合作走向共赢

这是一个纷繁复杂的世界，不要单独战斗，一个人的力量不足以完成所有的事情。猎鹿博弈告诉我们，不管是与他人合作，还是与他人竞争，最后的结果都比自己单打独斗要好。

何谓猎鹿博弈

如果你不想被消灭，就不要一个人去战斗。

猎鹿博弈又称猎鹿模型、猎人的帕累托效率，源自启蒙思想家卢梭的著作《论人类不平等的起源和基础》中的一个故事。

某一天两个猎人狩猎的时候，看到一头梅花鹿。于是两人商量，只有两人齐心协力，都去猎鹿时，才会得到那头鹿。如果猎鹿的时候一只兔子突然在其中一人身边经过，而这个人转而抓兔子，这人会得到兔子，但鹿就跑掉了。两人得到一头鹿的效用远比分别得到一只兔子大。

因此我们可以看到一共有四种方案供选择，每一行都代表一种博弈的结果。具体说来：

X，X

X，0

0，X

1，1

1. 第一行表示，猎人 A 和 B 都抓兔子，结果是猎人 A 和 B 都能吃饱 4 天；

2. 第二行表示，猎人 A 抓兔子，猎人 B 猎梅花鹿，结果是猎人 A 可以吃饱 4 天，猎人 B 则一无所获；

3. 第三行表示，猎人 A 猎梅花鹿，猎人 B 抓兔子，结果是猎人 A 一无所获，猎人 B 可以吃饱 4 天；

4. 第四行表示，猎人 A 和 B 合作猎梅花鹿，结果是两人平分猎物，都可以吃饱 10 天。

（1）如果双方都选择了猎鹿，效用为 1，（猎鹿，猎鹿）具有帕累托最优，为深入合作的最佳结果；

（2）如果双方都选择了猎兔，即双方没有合作，（猎兔，猎兔）称为风险上策均衡。

（3）如果一人选择了猎鹿，而对方选择了猎兔，即对方没有诚信，背叛了原来的协议，则选择猎鹿者将一无所获，选择猎兔者将保证得到一定效用 X（0<X<1）。

我们可以看到，在这个博弈中，根据纳什均衡原理，应用博弈论中的“严格劣势删除法”，可以得到两个比较好的结果，那就是：要么分别抓兔子，每人吃饱 4 天；要么合作，每人吃饱 10 天。

当然人心是不一定的，最终会采取哪一种策略就不是纳什均衡能决定的了，比较 [1，1] 和 [X，X] 两个纳什均衡，明显的事实是，两人一起去猎梅花鹿比各自去抓兔子可以让每个人多吃 6 天。按照经济学的说法，合作猎鹿的纳什均衡，分头抓兔子的纳什均衡，具有帕累托优势。与 [X,X] 相比，[1,1] 不仅有整体福利改进，而且每个人都得到福利改进。

博弈论中的“猎鹿模型”告诉我们：两个猎人自己单独行动的话是最不利的。我们不要单独战斗，一个人的力量不足以完成所有的事情。不管是与他人合作，还是与他人竞争，最后的结果都比自己单打独斗要好。

术业有专攻，在这个不崇尚个人英雄主义的时代。试着跟别人合作，你的困扰对别人来说可能只是举手之劳；反之亦然。合作可以帮助大家一起创造奇迹。

在美国举行世界博览会之际，有一个制作薄饼的小商贩在会场外出售他的薄饼。

他的薄饼生意实在糟糕，而和他相邻的一位卖冰淇淋的商贩的生意却好得不得了，一会儿工夫就售出了许多冰淇淋，很快他把带来的用来装冰淇淋的小碟子用完了。

心胸宽广的薄饼商贩见状，就把自己的薄饼卷成锥形，用它来盛放冰淇淋。卖冰淇淋的商贩见这个方法可行，便要了大量的薄饼，大量的锥形冰淇淋便进入客商们的手中。但令他们意料不到的是，这种锥形的冰淇淋被客商们看好，而且被评为“世界博览会的真正明星”。

从此，这种锥形冰淇淋开始大行其道，这就是现在的蛋卷冰淇淋。它的发明被人们称为“神来之笔”，两个小商贩简单的合作竟然为世界创造了如此美味的经典，我们是不是也应当反思一下，自己是否也曾错过了很多只要合作就可以创造奇迹的机会呢?

每个人的能力和时间都是有限的，凡事自己来、完全不靠别人帮助的人是走不了多远的。一根筷子容易被折断，独木也构不成森林。兄弟同心，其利断金。只有学会与他人合作，才能将自己的力量放大，就像使用杠杆可以撬动磐石一样。

维勒和李比希都是德国杰出化学家。他们两人的性格迥异，李比希激烈、爽朗、风风火火，像一团烈火；维勒平和、沉稳、文文静静，像一盆冷水。但两个人感情很好，亲密无间。他们密切配合，致力于科学研究，共同对无机化学、有机化学做出了贡献。

李比希在自传中写道:“我的最好运气，就是有位志同道合的朋友。多年来我和这位朋友真诚合作，毫无隔阂……手携手地向前，这一位行动时，那一位已经准备好。”

两人的真诚合作创造出了科学研究上的辉煌。

合作道理再简单不过，连鸟类都知道。鸟类迁徙的时候，总是成群地南飞。据说，借着“V”字队形，整个鸟群比每只鸟单飞时，至少增加了71%的飞升能力。它们拥有共同目标和集体感，它们凭借着彼此的帮助共同前行，它们在一起可以更快、更容易地到达它们想去的地方。

俗话说:“双拳难敌四手。”“三个臭皮匠，顶个诸葛亮。”只有运用合力，善于合作，才有强大的力量，把事业做大、做强。这就迫切要求我们每个人都应具有合作能力。虽然每个人都有独立意志，都有自己的想法，很容易出现“劲儿不往一处使”的现象，但为了共同的利益，大家都要精诚合作，才能达到共同的目标。

和别人分享你的优势

合作是人类不可或缺的生存方式，在社会分工越来越细的情况下尤其如此。只要你想生存，你就离不开合作——各种各样的合作。只是合作的形式与合作的效率不同，如此而已。

在合作中，如何双赢才是你要考虑的。这就要求你把自己的优势变成团体的优势，每个人都尽力为团队做出更大的贡献，团队才能得到更好的发展。如果只惦记自己的利益，害怕别人和自己一样进步，那么不但你不能再进步，往往你自己原来的那点优势也保不住。

一个偶然的机会，有一个农民从外地换回了一种小麦良种，种植后产量大增。面对丰收的粮食，这个农民喜出望外，但马上又变得忧心忡忡。因为他害怕别人知道也种上这种良种，那么他的优势就会荡然无存。于是，他开始想方设法保密，哪怕是对自己的邻居也是如此。

然而好景不长，到了第三年他就发现，他的良种不良了，到后来甚至连原来的种子也不如了，产量锐减、病虫害增加，他因此蒙受了很大的损失。这个农民捧着自己的良种百思不得其解，一气之下，跑到省城去请教农科院的专家。专家听他讲完自己的经历，告诉他：良种田的周围都是普通的麦田，通过花粉的相互传播，良种发生了变异，品质必然下降。

《礼记·学记》早就说过“独学而无友，则孤陋而寡闻”。分享工作中的失败与成功的体验，把个人独立思考的成果转化为大家共有的成果，在分享中，可以同时以群体智慧来解决个别的问题，以群体智慧来探讨工作、学习、生活上遇到的困难和问题，这样又培养了人与人之间相互协作的精神，促进了共同学习和进步。

因此，学会与团队伙伴分享自己的优势，会为自己打开视野，这样你才能不断解除身上的枷锁，不断地充实自我，不断地去取得更大的进步。

越国人甲父史和公石师各有所长。甲父史善于计谋，但处事很不果断；公石师处事果断，却缺少心计，常犯疏忽大意的错误。因为这两个人交情很好，所以他们经常取长补短，合谋共事。他们虽然是两个人，但一条心。这两个人无论一起去干什么，总是心想事成。

后来，他们在一些小事上发生了冲突，吵完架后就分了手。当他们各行其是的时候，都在自己的政务中屡获败绩。

一个叫密须奋的人对此感到十分痛心。他哭着规劝两人说：

“你们听说过海里的水母没有？它没有眼睛，靠虾来带路，而虾则分享着水母的食物。这二者互相依存、缺一不可。我们再看一看琐蛣吧！它是一种带有螺壳的共栖动物，小蟹把它的腹部当作巢穴。琐蛣饥饿了，靠小蟹出去觅食。小蟹回来以后，琐蛣因吃到了食物而饱，小蟹因有了巢穴而安。这又是一个谁也离不开谁的例子。

“恐怕你们还没有见过双方不能分开的另一个典型例子，那就是西域的二头鸟。这种鸟有两个头共长在一个身子上，但是彼此妒忌、互不相容。两个鸟头饥饿起来互相啄咬，其中的一个睡着了，另一个就往它嘴里塞毒草。如果睡梦中的鸟头咽下了毒草，两个鸟头就会一起死去。它们谁也不能从分裂中得到好处。

“下面我再举一个人类的例子。北方有一种肩并肩长在一起的‘比肩人’。他们轮流吃喝、交替看东西，死一个则全死，同样是二者不可分离。现在你们两人与这种‘比肩人’非常相似。你们和‘比肩人’的区别仅仅在于，‘比肩人’是通过形体，而你们是通过事业联系在一起的。既然你们独自处事时连连失败，为什么还不和好呢？”

甲父史和公石师听了密须奋的劝解，对视着会意地说：“要不是密须奋这番道理讲得好，我们还会单枪匹马受更多的挫折！”于是，两人言归于好，重新合作。

密须奋讲的故事及甲父史和公石师的经验、教训告诉大家，生物界中各种个体的能力是非常有限的。在争生存、求发展的斗争中，只有坚持团结合作、取长补短，才能赢得一个又一个胜利。

在与别人的合作中，充分发挥自己的潜能，不仅可以给整个团队带来收益，也会使自身的价值得到证明。

每个人的能力和资源都是有限的，但是如果团队中的每个人都拿出自己的优势，把各自的长处都叠加起来，那么这个团队的力量就是难以想象的，这就是1+1大于2的道理。

培养合作能力

一根筷子易折，但是一把筷子可以发挥顽强的抵抗力量，如果找到合适的人，那么就一起创造非凡的事业吧！

也许你已经明白了合作的重要性，你也很想愉快地与别人合作。可是，如何才能获得良好的合作能力呢？

1. 不要有“凡事自己来”的想法

每个人的能力和时间都是有限的，凡事自己来、完全不靠别人帮助的人是走不了多远的。凡事坚持独立完成虽然会让你有成就感，但你可能要为此付出双倍甚至更多的时间和精力，而且有时还存在风险。

史蒂夫·鲍尔默曾说：“有人告诉我他一周工作90小时，我对他说，你完全错了，写下20项每周至少让你忙碌90小时的工作，仔细审视后，你将会发现其中至少有10项工作是没有意义的，或是可以请人代劳的。”

他曾给微软经理这样一条忠告：“不要什么事都做。你的任务是计划、组织、控制、指挥。”关于史蒂夫·鲍尔默的授权艺术，微软公司前全球副总裁李开复曾这样评价道：“史蒂夫·鲍尔默，微软的首席执行官，是近年来对我影响最深的人。几年前的鲍尔默就像个果断的老板，凡事喜欢一手抓，而且，总是在最前面鼓舞士气。做了首席执行官后，他放权给公司七大部门的负责人，不再做每件大事的最后决定人，加快七个部门负责人的成长。他不再做一个最有煽动力的拉拉队员，而是一个幕后的教练。他把自己对竞争对手的研究转换成对人才的研究。鲍尔默的行为对我很有启发。在我对任何要求回答‘我做不到’之前，我总会想到鲍尔默可以做到，我为什么不试试？他这个榜样帮助了我的成长。”

成功之路漫长遥远，单靠个人的努力是不够的，要想快速达到成功的彼岸，就要学会与人合作，学会借力做事。当一个人刚开始创业的时候，不可能马上组织一个大的公司或是大的团体，面对恶劣的自然环境和激烈的市场竞争，一个人的力量总是渺小的，世界上确实有许多一个人干不成的事儿。你可能有技术而没有好的项目，你也可能有好的项目而没有资金，你还可能懂经营会管理而没有资金、技术和项目，总之，一个人干不成的事就要与别人合作干。因此，对于创业者来说，学会与人合作就显得特别重要。

2. 要学会分享

《礼记·学记》早就说过“独学而无友，则孤陋而寡闻”。分享失败与成功的体验，把个人独立思考的成果转化为大家共有的成果，在分享中，可以同时以群体智慧来解决个别的问题，以群体智慧来探讨工作、学习、生活上遇到的困难和问题，这样又培养了人与人之间相互协作的精神，促进了共同学习和进步。

有一次，古希腊历史学家希罗多德在奥博斯城的鳄鱼神庙发现大理石水池中的鳄鱼在饱食后常张着大嘴，听凭一种灰色的小鸟在那里啄食剔牙。这位历史学家感到非常惊讶，他在自己的著作中写道：“所有的鸟兽都避开凶残的鳄鱼，只有这种小鸟能同鳄鱼友好相处，鳄鱼从不伤害这种小鸟，因为它需要小鸟的帮助。鳄鱼离水上岸后，张开大嘴，让这种小鸟飞到它的嘴里去吃水蛭等小动物，这使鳄鱼感到很舒服。”

这种灰色的小鸟叫“燕千鸟”，又称“鳄鱼鸟”或“牙签鸟”，它在鳄鱼的“血盆大口”中寻觅水蛭、苍蝇和食物残屑；有时候，燕千鸟干脆在鳄鱼栖居地居住，好像在为鳄鱼站岗放哨，一有风吹草动，它们便一哄而散，使鳄鱼猛醒过来，做好准备。

在鳄鱼身上，这种小鸟的价值得到了最大发挥。否则，它只是一种到处觅食的小鸟而已，不可能得到人类的关注。而鳄鱼，在为小鸟提供食物的同时，也使自己的口腔得到了清洁。真是一种双赢的局面。

3. 有容人之心

为了整体的利益，我们不能计较个人得失，要有容人之心，要愉快地接纳别人。

唐玄宗时，郭子仪和李光弼曾同是朔方节度使安思顺的属下部将。两人之间有矛盾，平时互不讲话。后来安禄山叛乱，郭子仪升任朔方节度使，统兵抵御。李光弼就成了郭子仪的部将。皇帝命令郭子仪率部出征，李光弼担心郭子仪会利用手中权力寻机报复。李光弼硬着头皮对郭子仪说："我过去得罪您，是我的不是，今后不管如何处置我，我无怨言，只希望高抬贵手放过我妻儿……"没等李光弼说完，郭子仪紧紧抱住李光弼，流着泪说："国家危急，百姓遭殃，正需要我们同心协力，眼下正需要你这样人才，此时，怎能计较个人恩怨？"从此，郭李同心，将帅协力，在平息安史之乱中，战功卓著。

4. 分工明确

团队中每个人都会有分工，大家都要服从安排，不要抱怨。

在一个紧急的软件开发项目中，有一个由五名成员组成的技术团队，他们需要在短短两个月内开发出一款面向教育行业的在线学习平台。这个项目不仅时间紧迫，而且要求功能全面、用户体验良好，对团队来说是一次不小的挑战。

团队中，张伟担任项目经理，负责整体规划、时间管理和团队协调；李娜是前端开发工程师，专注于用户界面的设计和实现；王浩是后端开发工程师，负责服务器端的逻辑处理和数据库设计；赵敏是UI设计师，负责平台的整体视觉效果；而刘强则作为测试工程师，确保软件的质量与稳定性。

在项目启动会议上，张伟根据每个人的专业技能和经验，详细分配了各自的任务。李娜负责设计并实现响应式网页，以适应不同设备的访问；王浩则着手搭建稳定且可扩展的后端架构；赵敏需要快速产出符合教育品牌调性的设计稿；刘强则负责制订测试计划，确保每个阶段的成果都能通过严格的质量检测。

在这个过程中，尽管每个人都承受着巨大的工作压力，但没有一个人抱怨自己的任务艰巨或是分配不公。相反，他们相互支持，共同面对挑战，通过高效的沟通和协作，不断克服难关。

最终，在团队成员的共同努力下，这款在线学习平台不仅按时上线，还获得了用户的高度评价，为公司赢得了良好的市场口碑。

你看，一个团队的活动就是这样，分到的责任是什么就要认真去完成，有一个乱了那么整体就会出现问题，所以我们一定既要重视分工的作用，又要尽职尽责地完成自己的任务。

5. 同心协力，劲儿往一处使

两个猎人看见一只大鸟飞过，于是决定把大鸟射下来。一个人举起弓准备射并且说道：“射下来煮着吃很不错。”这时候另一个人听了很是不满意，怎么能煮着吃呢，大鸟当然是烤着吃。

于是两人开始大吵起来，等到两人最后达成协议，一半煮着吃一半烤着吃的时候，大鸟早就飞走了。

我们常常就是这样浪费我们的时间，也在错过好机会，只因为团队的不和，大家的心不能往一个地方想，还不愿意妥协，最终导致机会白白地溜走，甚至让自己的对手抓住了良好的机会，给自己以致命的打击。

合作是成功的基石。人与人之间，团队与团队之间，国家与国家之间，只有合作才会有好的发展。

画重点

1. 在这个不崇尚个人英雄主义的时代，合作可以帮助我们创造奇迹。

2. 为了实现双赢，我们需要培养自己合作的能力。

第七章

协和谬误：该放弃就放弃

在双方博弈的过程中，不要奢望能够打捞起已经沉没下去的成本，沉没成本不应该影响我们的决策，否则损失更惨重。

何谓协和谬误

我们为了获得利益，采取了一些措施，但是后来发现我们陷入了一个尴尬的境遇，慢慢地我们不再希望获利（因为根本就不能获利），这时候我们开始努力减少损失！这就是一个典型的“协和谬误”。

假设你是一家科学仪器公司的总裁，正在进行一个新的仪器开发项目。据你所知，另外一家科学仪器公司已经开发出了类似的仪器。通过那家公司的仪器在市场上的销售情况可以预计，如果继续进行这个项目，公司有将近 90％的可能性损失 500 万，有将近 10％的可能性盈利 2500 万。到目前为止，项目刚刚启动，还没花费什么钱。从现阶段到产品真正研制成功能够投放市场还需耗资 50 万。你会把这个项目坚持下去还是现在就放弃？

10％的可能性会盈利 2500 万，90％的可能会损失 500 万，而且该项目还没有任何投资。正常人会选择放弃。

让我们再来看下面的案例：你同样是这家科学仪器公司的总裁，对于这个新的仪器开发项目，你们已经投入了 500 万元，只要再投 50 万，产品就可以研制成功、正式上市了。成败的概率与上述案例相同，你会把这个项目坚持下去还是放弃？

除了你已经投入 500 万之外，两个案例提出的问题是完全一样的。既然已经懂得了沉没成本误区，我想你对以上的两个问题应该会做出一致的回答。

但是把这两个问题分别给老板们做，那些企业老板绝大多数对第 2 题的回答是“坚持继续投资”。他们认为已经投了 500 万，再怎么样也要继续试试看，说不定运气好可以收回这个成本。殊不知，为了这已经沉没的500万，他们将有90%的可能非但收不回原有投资，还会再赔上500万。

在经济学上，我们把那些已经发生、不可回收的支出，如时间、金钱、精力，称为“沉没成本”。这个意思就是说，你在正式完成交易之前投入的成本，一旦交易不成，就会白白损失掉。从理性的角度来说，沉没成本不应该影响我们的决策，然而，挽回成本的心理作用往往在博弈中让人做出非理性的决策，从而导致更大损失。博弈论专家经常将这种困境中的博弈称为协和谬误。

举个简单的例子就可以看出来协和谬误的危害有多么大：假设你买进一只股票，股价下跌；于是你又在这个价位买进（股民称此为“摊平”），可是它又下跌……你再次购买的本意是减少损失，可是却越陷越深！

对于协和谬误的博弈来说，在没有100%胜算的把握下，及早退出是明智的选择。如果你不及时收脚回来，那你可能血本无归！

英国和法国政府曾经联合投资开发大型超音速客机，即协和飞机。开发一种新型商用飞机简直可以说是一场豪赌。单是设计一个新引擎的成本就可能高达数亿美元，想开发更新更好的飞机，实际上等于把公司作为赌注押上去。

该种飞机机身大、设计豪华并且速度快。但是，英法政府发现：继续投资开发这样的机型，花费会急剧增加，但这样的设计定位能否适应市场还不知道；而停止研制将使以前的投资付诸东流。随着研制工作的深入，他们更是无法做出停止研制工作的决定。协和飞机最终研制成功，但因飞机的缺陷（如耗油大、噪声大、污染严重等），成本太高，不适合市场竞争，最终被市场淘汰，英法政府为此蒙受很大的损失。在这个研制过程中，如果英法政府能及早放弃飞机的开发工作，会使损失减少，但他们没能做到。

英国和法国航空公司宣布协和飞机退出民航市场，才算是从这个无底洞中脱身。这也是“壮士断腕”的无奈之举。

沉没成本和机会成本之所以会对决策产生这样微妙的作用，原因就在于机会成本不是现实的成本，是隐性的，而沉没成本却是实实在在的，让人有一种“割肉”的痛楚。成本沉没在水里着实令人感到可惜，然而伤心懊悔不是于事无补吗？还不如适时放弃，抓紧时间，创造更多的价值出来。

协和谬误给我们的直接警示就是，在投资时应该注意：如果发现是一项错误的投资，就应该立刻悬崖勒马，尽早回头，切不可因为顾及沉没成本，错上加错。事实上，这种为了追回沉没成本而继续追加投资导致最终损失更多的例子比比皆是。许多公司在明知项目前景暗淡的情况下，依然苦苦维持该项目，原因仅仅是他们在该项目上已经投入了大量的资金（沉没成本）。

摩托罗拉的铱星项目就是沉没成本谬误的一个典型例子。摩托罗拉为这个项目投入了大量的成本，后来发现这个项目并不像当初想象得那样乐观。可是，公司的决策者一直觉得已经在这个项目上投入了那么多，不能半途而废，所以仍苦苦支撑。但是后来事实证明这个项目是没有前途的，所以最后摩托罗拉只能忍痛接受了这个事实，彻底结束了铱星项目，并为此损失了大量的人力、财力和物力。

现实经济中，陷入协和谬误困境的投资项目比比皆是，投资过半，行情却急转直下。到底是继续投资还是决然退出，总是令投资决策者左右为难。实际上，一个理性的经济人在做出决策的时候，总是要涉及“沉没成本”和“机会成本”。沉没成本就像是沉没在冰山之间的泰坦尼克号一样，如果你不放弃它，就会跟它一起沉没。不要奢望你能够打捞起已经沉没下去的成本，放弃包袱，重新上路，你会看到崭新的明天！

沉没成本与机会成本

做事情时不要用“沉没成本”来衡量，不要因为做了而继续做下去。

协和谬误，看似给了人们半途而废的理由，有人担心它的滥觞会左右一些本该坚持的目标。的确有这个可能，所以人们应该理智对待，可以比较沉没成本、机会成本与未来收益的关系。看清楚了，必定会坦然地走出协和谬误。

何谓“沉没成本”呢？它指已经付出且不可收回的成本。比如你买了一杯汽水花了5元钱，但是你发现这杯汽水非常难喝，现在就要考虑扔掉，但是你的5元钱是不会收回来了，这个钱就可以称为沉没成本。这里不多说了，来看机会成本。

机会成本，是指在经济决策过程中，因选取某一方案而放弃另一方案所付出的代价或丧失的潜在利益。

机会成本指当人面临抉择时，他必须做出一定的选择，他所失去的就是他所得到的东西的机会成本。对商业公司来说，用一定的时间或资源生产一种商品时，失去的利用这些资源生产其他最佳替代品的机会就是机会成本。

在生活中，有些机会成本是可以用货币来进行衡量的。例如，农民在获得更多土地时，如果选择养猪就不能选择养鸡，养猪的机会成本就是放弃养鸡的收益。但有些机会成本往往无法用货币衡量，例如，在看书学习及享受电视剧带来的快乐之间进行选择。

以上面的例子作为计算例子：

农民在获得更多土地时，如果选择养猪就不能选择养其他家禽，养猪的机会成本就是放弃养鸡的收益。假设养猪可以获得 A 元，养鸡可以获得 B 元，那么养猪的机会成本是 B 元，同样，养鸡的机会成本则为 A 元。

在看书学习及享受电视剧带来的快乐之间进行选择。那么看书学习的机会成本是少享受电视剧带来的快乐，享受电视剧的机会成本是失去了看书学习所得到的知识。

至于沉没成本和机会成本的结合，让我们以看电影为例：

比如说你花了 20 元去看一场电影，15 分钟之后，你觉得这是一部你无法忍受的粗制滥造的影片。那么你是继续看下去，一直到 2 个小时之后影片结束呢？还是立即离开电影院去图书馆查资料？如果你心疼那 20 元票钱，而坚持把电影看完，那么你除了付出了 20 元沉没成本（电影院当然不会因你认为影片太差而退钱给你）之外，你还付出了 2 个小时的宝贵时间成本，这 2 个小时的时间在经济学上叫作机会成本。

机会成本是指因为你做一件事情而失去做另一件事的机会。通常情况下，沉没成本是显性的，机会成本是隐性的，所以人们在上面的情况中往往看到了沉没成本而忽视了机会成本，可是在经济学中，虽然沉没成本往往是巨大的、明显的，但是由于它是无法收回的，所以一个理性人不应该让沉没成本影响到自己的决策，而机会成本虽然是隐性的，但是必须加以考虑。

当一个人失恋之后该怎么办呢？一般来说得先难受一段时间才能慢慢地好过来。在这里，这个人为了其失败的爱情所付出的那些努力就是沉没成本，是无法回收的，而他在失恋后花费在回忆后悔上面的时间精力就是他的机会成本。

所以，从经济学的角度来看，一个人在失恋后最明智的选择是让自己迅速地从失恋中走出来，而不是在那里后悔自责和痛苦的回忆。巨大的沉没成本虽然收不回来了，但是我们可以减少机会成本的损失。

当我们面临艰难的选择时，考虑该不该放弃时，可以分析一下我们目前的“沉没成本”与“机会成本”。我们在权衡取舍中，理性选择倾向于机会成本低的东西，而放弃机会成本高的东西。

因此，人们在决策时考虑机会成本，决策会更理性更明智。沉没成本是理性决策中忽略的因素，一个理性的人在决策中会忽视沉没成本。

如果你是一个理性的人，就要学习忽略沉没成本，多考虑机会成本，选择机会成本较低的东西，这才是理智的选择和舍弃。

有一个孩子，他小时候最喜欢的玩具就是那五颜六色的气球，每次外出玩耍，他手里总是拿着各式各样的气球。

有一天，他母亲带他出去玩，在公园里他母亲从包里拿出一个精致的口琴，吹出了一首首动听的乐曲。他想要母亲的口琴，但又舍不得放弃手中的气球。左右为难之际，母亲突然停止了吹奏，笑着看着他。就在这一瞬间，他做出了选择，松开了手，毫不犹豫地放飞了气球，然后向母亲索要口琴。

在这一天，那个孩子学会了吹口琴，他还得到了一个对他一生都有影响的启示，那就是：当人生需要做出选择时，该放弃的就必须放弃。后来，那个孩子考上了音乐学院，虽然别人认为他是如鱼得水，但他发现自己对音乐并不是那么钟爱，他毅然选择了放弃，转入纽约大学商学院，学习自己更感兴趣的经济学。1950 年，他获得经济学硕士学位，并得到去哥伦比亚大学深造的机会，在这所大学里，他遇到了他一生中最伟大的良师益友——曾任美国联邦储备委员会主席的亚瑟·博恩斯教授。从此，他放弃了一切该放弃的东西，将毕生的精力都放在了对经济学的研究上，并很快成为这个领域的行家里手。1987 年，美国总统里根任命他为美国联邦储备委员会主席，他就是艾伦·格林斯潘。

在我们每个人的一生中，都会有类似格林斯潘小时候那样，手中抓满气球的事。比如金钱、权力及已有的成绩与地位。这些既得的利益与成果，虽然能让我们兴奋，但同时也很容易消磨我们的斗志与勇气，阻碍我们去追求更远大的人生目标。因为当更好的发展机会来到我们面前时，面对已经取得的利益，并不是每个人都有勇气放弃。

人生苦短，生命的过程就是一个不断选择与放弃的过程。一个人如果要想有所成就，那就必须有勇气放弃，放弃所有我们并不真正需要的东西，而去抓住自己真正感兴趣的，愿意用一生精力去研究的东西。只有这样，生命才可能求得它的最大值。

不要“皮洛士式的胜利”

该放手时就放手，不要踏上不归路，放弃也是成功的必修课。

古希腊伊庇鲁斯国王皮洛士曾和罗马帝国的军队打过几场恶仗，虽然最终取胜，但同样损失惨重的他哀叹道：“再来这样一次胜利，我就被毁了。”这给西方世界留下一个成语“皮洛士式的胜利”，意指代价惨重的胜利。

人们都追求胜利，但不是所有胜利都值得追求。所谓“皮洛士式的胜利”指的就是“得不偿失的胜利”。在投入一场战争之前，你必须计算成本与收益的比例。

《孙子兵法》的《作战篇》中，一开始并未探讨战略或战术问题，而是算账——一次军事行动（无论胜败）的成本：“日费千金”的人力、物力投入。

宋代的沈括也算过一笔细账：动用10万军队到远方作战，运送辎重的兵员要占1/3，而后勤补给人员至少需要30万，这样一支部队，最多只能行军16天。3个民夫供应1个士兵，这已经是极限了。如果用牲畜运粮，固然负载多而费用少，但牲畜很容易生病死亡，这样连牲畜和驮负的物资都要白白丢弃，所以比起人力运输，利弊各半。

所以，“因粮于敌”（从敌人那里获取给养）就非常重要。通过长途运输一份军粮，可能在路上要消耗好几份。孙子说：“食敌一钟，当吾二十钟。”正是这个原因。

现代战争由于交通的便利，可以节省某些成本（如粮食的运输消耗），但是其他方面（如弹药的大量消耗）的花费比古代要昂贵多了，海湾战争中美军发射的一枚导弹动辄价值数十万甚至上百万，这种高技术战争不是哪个国家都能承受的。

在古代兵法中，有“坚壁清野”，在现代军事史上，也有“焦土政策”，它们的共同点是尽可能减少对方从战争中获得补偿，也就是提高对方的战争成本。当然，实行这一战略，自己的损失也很大，不过也不失为一种有效的策略。而且，这一行动也是在向对方表明立场：我要和你干到底，为此我宁愿做出任何牺牲，不要指望从我的屈服中获得什么好处。

战争如此，市场竞争如此，甚至我们日常行为也都面临成本—效率问题。理想状态当然是以尽可能小的成本，换取尽可能大的效用，但是现实中大多数选择并非理想。

我们常常谈到成本，但是究竟什么是成本？经济学家的定义是：成本就是为了得到某种东西而必须放弃的东西。

现在我们已经有了成本观念，下面就是应用问题了。在做决策之前，必须经过“成本估算”：如果得大于失，就值得做；如果得失相抵，甚至得不偿失，就不要干这种“出力不讨好”的事了。

在军事中，赢得战争（或避免战争）的一个有效策略就是增加对方的战争成本，使其难以坚持，或因为得不偿失而放弃发动战争的愿望。

“田忌赛马”就是一个通过让对手多付代价而获得胜利的例子。田忌的上、中、下三等赛马都比齐王的同等级赛马差，可是在著名军事家孙膑的帮助下，田忌以“下驷对上驷、上驷对中驷、中驷对下驷”的策略，在平均劣势下赢得了胜利。

为什么能获胜？关键在第一场——也就是输掉的那一场。齐王虽然胜了，但是付出了巨大的成本——上驷与下驷的实力差距被白白浪费掉了，因此他输掉了后面两场。这是一个重要的原则：你支付的成本越大，局面就越不利。

“田忌赛马”的故事，用现代术语来说就是一个典型的博弈问题。实际上，它是通过增加对方的成本改变双方的实力对比，并最终取得胜利的。

你自己有没有付出过惨重的代价，只为不甘心得不到那一点小小的利益？我们不要皮洛士式的胜利，这种胜利约等于失败。

该放手时就放手

不要因已经付出的成本影响对未来的决策。

走出协和谬误的怪圈其实并不难，只要你敢于放弃，有胆量、有勇气经历失败，不要为打翻的牛奶哭泣，对不可追求的东西要及时放手，做一个敢于放弃的聪明人。

有一种捉猴子的陷阱，人们把椰子挖空，然后用绳子绑起来，系在树上或固定在地上，留了一个小洞，里面放了一些食物，洞口大小恰好只能让猴子空着手伸进去，而无法握着拳伸出来，于是猴子闻味而来，将它的手伸进去抓食物，理所当然地，紧握的拳头伸不出洞口……

当人来时，猴子惊慌失措，但就是逃不掉。并没有任何人捉着猴子不放，相反地它被自己的执着俘虏，它只需将手放开就能伸出来。可是，鲜有猴子能放开手。

生活中鱼和熊掌兼得的时候很少，每一次放手是为了下一次得到更多的回报。紧握双手，肯定是什么也没有，打开双手，至少还有希望。

人往往会不惜一切求取成功。可是，有些放弃是不可避免的。我们要学会优雅地放弃，在经验中成长。就像松开一个紧握的拳头，我们会感到自在而有活力。

人正因为看不开、放不下才会有许多痛苦。当自己有了舍弃的智慧时，就会豁然开朗，生命会马上向你展现出一个截然不同的景致。倘若蝌蚪总是炫耀自己的尾巴而舍不得放弃，那它将始终长不成自由跳跃的青蛙。不要忘记，现在放手是为了更好地把握明天。

但是现实生活中，陷入协和谬误困境却不肯放手的投资项目比比皆是。很多时候投资过半，行情却急转直下。到底是继续投资还是决然退出，总是令投资决策者左右为难。实际上，一个具有理性的人在做出决策的时候，总是要涉及“沉没成本”和“机会成本”。然而现实中往往由于决策者思维的错位，将这两种成本相混淆，反而做出了不利的选择。

中国航空工业第一集团公司在2000年8月决定今后民用飞机不再发展干线飞机，而转向发展支线飞机。这一决策立时引起广泛争议。

该公司与美国麦道公司于1992年签订合同合作生产MD-90干线飞机。1997年项目全面展开，1999年双方合作制造的首架飞机成功试飞，2000年第二架飞机再次成功试飞。

就在此时，MD-90项目下马了。在各种支持或反对的声浪中，讨论的角度不外乎两大方面：一是基于中国航空工业的战略发展，二是基于项目的经济因素考虑。在这里不想就前一角度展开讨论，只有航空专家才在这方面最有发言权。单从经济角度看，干线项目上马、下马之争可以说为“沉没成本”提供了最好的案例。

许多人反对干线飞机项目下马的一个重要理由就是，该项目已经投入数十亿元巨资，上万人倾力奉献，耗时多年，在终尝胜果之际下马造成的损失实在太大了。这种痛苦的心情可以理解，但丝毫不构成该项目应该上马的理由，因为不管该项目已经投入了多少人力、物力、财力，对于上下马的决策而言，其实都是无法挽回的沉没成本。

事实上，干线项目下马完全是“前景堪忧”使然。从销路看，原打算生产150架飞机，到1992年首次签约时定为40架，后又于1994年降至20架，并约定由中方认购。但民航只同意购买5架，其余15架没有着落。可想而知，在没有市场的情况下，继续进行该项目未来会有怎样的收益？

然而就是这个已经沉没了的成本，却还让许多不明就里的人难以割舍。他们把它当作“鸡肋”，食之无味而又弃之可惜。实际上这些人不明白：沉没成本永远是决策的非相关成本，与其相伴随的机会成本才是决策相关成本，需要在决策时予以考虑。

沉没成本和机会成本之所以会对决策产生这样微妙的作用，原因就在于机会成本不是现实的成本，是隐性的，而沉没成本却是实实在在的，让人有一种“割肉”的痛楚。成本沉没在水里着实令人感到可惜，然而伤心懊悔不是于事无补吗？还不如适时放弃，抓紧时间，创造更多的价值出来。

在一次关于生活艺术的演讲中，教授拿起一个装着水的杯子，问在座的听众：“猜猜看，这个杯子有多重？”

“50 克”、“100 克”、“125 克”……大家纷纷回答。

“我也不知有多重，但可以肯定人拿着它一点不会觉得累。”教授说，“现在，我的问题是：如果我这样拿着几分钟，结果会怎样？”

“不会有什么。”大家回答。

“那好。如果像这样拿着，持续一个小时。那又会怎样？”教授再次发问。

“胳膊会有点酸痛。”一名听众回答。

“说得对。如果我这样拿着一整天呢？”

“那胳膊肯定变得麻木，说不定肌肉会痉挛，到时免不了要到医院跑一趟。”另外一名听众大胆说道。

“很好。在我手拿杯子期间，不论时间长短，杯子的重量会发生变化吗？”

“没有。”

“那么拿杯子的胳膊为什么会酸痛呢？肌肉为什么可能痉挛呢？”教授顿了顿又问道：“我不想让胳膊发酸、肌肉痉挛，那该怎么做？”

“很简单呀。您应该把杯子放下。”一名听众回答。

“正是。”教授说道，“其实，生活中的问题有时就像我手里的杯子。我们埋在心里几分钟没有关系。如果长时间地想着它不放，它就可能侵蚀你的心。日积月累，你的精神可能会濒于崩溃。那时你就什么事也干不了了。”

教授这番话的另一层含义是，如果你手中的成本正在逐渐增加，你感到越来越吃力的话，你应该及时放弃。否则，你的身心将被拖垮。放弃很难受，但是不放弃更痛苦。所以，该放手时就及早放手。

弃卒保车，小舍大得

当我们发现自己不能取胜的时候，必须及早后退。妥协放弃是一个重要谋略，一个不懂进退之道的人早晚要尝到失败的苦头。

曹操平定汉中，直逼刘备刚刚占领的西川。刘备急请诸葛亮商议对策。诸葛亮说，曹操分兵屯合肥，惧孙权也。我们如果把江夏、长沙、桂阳三郡还吴，遣舌辩之士陈说利害，令吴起兵袭合肥，牵动其势，曹操必退兵回救其南方，如此，西川可安。后来的情势果然如诸葛亮所言，吴国兴兵，曹操只得放弃攻蜀而回师援合肥。刘备得以喘息，安定了西川根据地，并由此立国建业。

《三国演义》的一大看点，就是荆襄之地的争夺。江夏、长沙、桂阳三郡是荆州之拱卫。刘备一世枭雄，在曹操大军压境之际乱了方寸，无退兵之策，不是不智，而是舍不得将三郡割给孙吴。可见贪欲乱智，刘备亦难幸免。

诸葛亮的精明之处在于看清楚了大局。刘备集团欲三分天下，必须联吴抗曹。荆襄之地是当时中国的腹地，是兵家必争的战略要点。诸葛亮借荆州之后，一直以此为诱饵，假许还吴，其实是以此为王牌，牵动东吴踏上自己的战车，共同抗曹。

舍子取势，弃子得势，这是棋局博弈常用的技法。诸葛亮诱使孙吴围魏救赵，自然骗不过孙权集团。只是刘备集团占有荆州之际，就一直以“借”为名，答应日后要还孙吴，如今主动把荆州的拱卫三郡还孙吴，孙吴得三郡而复望荆州，能不出兵击曹吗？

纵观历史，舍卒保车，这种策略的影子随处可见，凡成就大事者无不懂得选择和放弃。为了谋求更大的发展，只有果断放弃眼前的某些利益。

对于我们普通人来说，不会面临如此残忍的舍弃。协和谬误对我们生活的重要提示是：在小利和大利面前，我们应该舍得放弃其中较小的一部分，保全较大的一部分，做一个能够权衡利弊的人。在面对困境时，我们也应该能做到牺牲局部，保全大局，这样才能够化险为夷。

人生如棋，一着不慎，满盘皆输。下棋时有弃车保帅之说，如果只因为心疼车的勇猛，不忍舍弃，那么一定有杀身之祸。虽丢弃了一个车，但保证了不失败，再发强攻，就仍有取胜的机会。人生就是这样，不以小利为代价，何来大成功？要懂得舍与得之间的辩证关系，以豁达的心胸为人处世，不计小失，这样往往能收获大得。

♝ 画重点

1. 在做决策之前，必须经过“成本估算”：如果得大于失，就值得做；如果得失相抵，甚至得不偿失，就不要干这种“出力不讨好”的事了。

2. 我们应该舍得放弃小利，保全大利，做一个能够权衡利弊的人。

第八章

信息博弈：信息决定成败

信息是博弈中的重要因素，信息的不对称决定了掌握信息的人比没有掌握信息的人更具有优势。所以，我们要注重信息博弈，这样才能在竞争和合作中洞悉先机，化被动为主动。

何谓信息博弈

信息不对称是一个很大的障碍。信息的不对称会造成“逆向选择”和“道德风险”，前者事前，后者事后。而如果能把信息准确快速地传递出去，就可能为自己赢得成功的机会，如果传递的是错误信息，就会导致失败。所以在这个时代，如何把握信息也是检验你是否具有人生智慧的标准之一。

一个古董商发现一个人用珍贵的碟子做猫食碗，于是假装对这只猫十分喜爱，要从主人手里买下。猫主人不卖，为此古董商出了大价钱。成交之后，古董商装作不经意地说：“这个碟子它已经用惯了，就一块送给我吧。”猫主人说：“你知道用这个碟子，我已经卖出多少只猫了吗？”

这就是一个“信息博弈”的例子。古董商掌握“碟子是古董”这个信息，他认为猫主人不知道，这种“信息不对称”对他有利；可他万万没想到，猫主人不但知道，而且利用了他“认为对方不知道”的错误大赚了一笔。

信息不对称造成的劣势，几乎是每个人都要面临的困境。谁都不是全知全觉，那么怎么办？为了避免这样的困境，我们应该在行动之前，尽可能掌握有关信息。人类的知识、经验等，都是这样的“信息库”。古诗有云：“不识庐山真面目，只缘身在此山中。”这句诗影射出信息博弈中的一种常见情况，就是在博弈中，往往会出现某一方知道信息而对方不知道的情况，这种信息就是拥有信息一方的私有信息。正是这种私有信息的存在，才会出现信息不对称的现象，从而导致博弈双方一个占优、一个占劣。

明朝正德年间，福州府城内朱紫坊有位秀才郑堂开了家字画店，由于这个人是个附庸风雅的主儿，琴棋书画诗词歌赋都略知一二，颇有些名声在外，所以店里生意颇是兴隆。

有一天，有位叫龚智远的拿来一幅传世之作《韩熙载夜宴图》押当，郑堂大喜，当场付了800两银子，龚智远答应到期愿还1500两。一晃就到了取当的最后期限，仍不见龚智远拿银子过来赎画，郑堂似乎感觉到有些不大对劲，取出放大镜仔细一看，原来是幅赝品。郑堂被骗走800两银子的消息，一夜之间不胫而走，轰动全城。

两天之后，受骗的郑堂却做出一个让人大跌眼镜的决定，他在家中摆了几十桌大宴宾客，遍请全城的士子名流和字画行家赴会。酒至半酣，郑堂从内室取出那幅假画挂在大堂中央，说道："今天请大家来，一是向大家表明，我郑堂立志字画行业，绝不会因此打退堂鼓；二是让各位同行见识见识假画，引以为戒。"待到客人们一一看过之后，郑堂把假画投入火炉，边烧边义正词严地说道："不能留此假画在这世上再害人了！"800两银子就这样付之一炬，郑堂之气度恢宏、财大气粗再一次轰动全城。

郑堂焚画后的第二天一大早，那个本已销声匿迹了的龚智远早早来到他的字画店里，推说是有要事耽误了还银子的时间。郑堂说："无妨，只耽误了三天，但是需加三分利息。"铁算盘一打，本息共计是1524两银子。龚智远昨夜已得知自己的那幅画被他烧了，所以有恃无恐地要求以银兑画。郑堂验过银子之后，从内堂取出一幅画，龚智远打开一看，不由得头晕目眩，两腿发软，当下就瘫倒在地。

原来，郑堂知道上当受骗后，觉得不应该就这样让骗子轻易得逞，自己应该想办法尽量挽回损失。他灵机一动，自己抓紧时间依照赝品又仿造了一幅画，画好后故意大宴宾客毁画（毁掉的是赝品的仿制品），故意让龚智远听到风声，从而主动送来本息巨金。就这样，郑堂不但没有损失800两银子，反倒还大赚了一笔，还让龚智远这样自作聪明的家伙哑巴吃黄连——有苦说不出。

龚智远把郑堂当作笨蛋，卖了赝品之后还得寸进尺，想多赚一大笔钱，结果中了郑堂的计，偷鸡不成蚀把米。

由于博弈双方对信息的掌握通常是不对称的，获得信息优势的人会占据上风，他可以通过披露信息的方式来改变双方的资源配置情况，从而影响博弈的结果。郑堂正是通过披露信息，不动声色便成功地控制了局面，让骗子自投罗网。

信息传递不光是一门科学，甚至已经成为一种博弈的智慧。如何获得信息、利用信息，是决策者进行博弈决策的一个关键。如果能把信息准确快速地传递出去，就可能为自己赢得成功的机会，如果传递的是错误信息，就会导致失败。

山西军阀阎锡山曾经与冯玉祥结成“反蒋联盟”，发动了讨伐蒋介石的中原大战。当时，联席会议决定，阎、冯各派一支部队，在河南省的沁阳县会师，然后一举聚歼驻在河南的蒋介石军队。于是，冯玉祥的参谋很快拟写一份命令。但命令中误把“沁阳”写成了“泌阳”，一字之差，铸成大错。沁阳在河南北部，离黄河岸约70公里，北靠山西，对阎军来说十分有利，进可攻，退可守。而泌阳在河南南部，距沁阳有几百公里。到会师那天，阎锡山的部队在沁阳看不见冯玉祥部队的影子，知道情况不妙，立即打电报询问，这才发现冯军走错了地方。等到冯军挥师北上，已贻误聚歼蒋介石的战机，阎、冯联军陷入了被动，导致了联合作战的失败。

回到我们的生活中。对于一个企业来说，要想生存和发展，要想在竞争中立于不败之地，就应该全面掌握与其命运攸关的信息。随着经济的发展，信息在企业的经营活动中更为重要，这是因为：一方面，各种新技术、新设备、新材料不断产生，同时这些新技术、新设备、新材料又被广泛应用于新产品的开发和应用上。不了解这些信息，企业就不能应用最新的科学技术、最先进的设备生产出最新的产品，企业就不能注入新的活力。另一方面，市场经济要求企业的生存和市场连在一起，这就要求企业加强对市场的调查研究，随时了解市场行情，把握市场变化的信息，生产出适销对路的产品。只有这样，企业才能适应复杂多变的市场环境，才能生存，才能发展。谁掌握的信息更多，谁发展得就更好。

对于个人来说，如果你是个真正聪明的消费者，在商店打折的时候，会把打折后的价格和其他商场同类商品的价格进行比较，然后再做决定。如果你能在遇到问题的时候多问几个为什么，多思考，多收集相关信息，就不会做出错误的决策。

不完全信息博弈

这是一个信息时代。很显然，信息的作用在博弈之中非常重要。将博弈论还原到现实，人们不再完全理性，信息存在不对称，博弈就需要在抢占信息高地上做出努力。

从知识的拥有程度来看，博弈分为完全信息博弈和不完全信息博弈。完全信息博弈指参与者对所有参与者的策略空间及策略组合下的支付有“完全的了解”，否则就是不完全信息博弈。严格地讲，完全信息博弈是指参与者的策略空间及策略组合下的支付，是博弈中所有参与者的“公共知识”的博弈。对于不完全信息博弈，参与者要努力使自己的期望支付或期望效用最大化。

对于我们大部分人来说，我们都处于不完全信息博弈中。因为在现实生活的绝大多数情况下，信息都是不对称的，往往会出现某一方知道信息而对方不知道的情况，这种情况就导致了博弈双方一个占优，一个占劣。

犹太巨富罗斯柴尔德的第三子内森，因为重视信息，竟然仅仅在几小时之内，赚了几百万英镑。

1815 年 6 月 20 日，一大早伦敦证券交易所便充满了紧张气氛。因为 6 月 18 日，英国和法国进行了决定两国命运的战役——滑铁卢之战。毫无疑问，如果英国获胜，英国政府的公债将会暴涨；反之法军获胜，英国的公债必是一落千丈。此时，每一位投资者都明白，只要能比别人早知道哪方获胜，哪怕半小时、10 分钟，甚至几分钟也可以大捞一把了。战事远在比利时，当时还没有无线电，没有铁路，主要靠快马传递信息。对方的主帅是赫赫有名的拿破仑，前几次的几场战斗，英国均吃了败仗，英国获胜的希望不大。大家都在看着内森的一举一动，他还是习惯地靠着厅里的一根柱子——大家已经把这根柱子叫作“罗斯柴尔德之柱”了。

这时，内森面无表情地靠在“罗斯柴尔德之柱”上开始卖出英国公债了。“内森卖了！”这条消息马上传遍了交易所，所有的人毫不犹豫地跟进，瞬间英国公债暴跌，内森继续抛出。公债的价格跌得不能再跌了，内森突然开始大量买进。“这是怎么回事？内森玩的什么花样？”大家纷纷交头接耳。此时，官方宣布了英军大胜的捷报，交易所又是一阵大乱，公债价格又暴涨，而此时的内森已经悠然自得地靠在柱子上欣赏这乱哄哄的场景了。他狠狠地发了一大笔财！内森怎么敢这么大胆买卖？万一英军战败，他不是要大大地损失了吗？谁也不知道，内森拥有自己的情报网！

原来，老罗斯柴尔德共有 5 个儿子，遍布西欧的各主要国家，他们非常重视信息，认为信息和情报就是家族繁荣的命脉，所以别出心裁地建立了横跨整个欧洲的专用情报网，并不惜花大钱购置当时最快最新的设备，从有关商务信息到社会热门话题无一遗漏，而且情报的准确性和传递速度都超过英国政府的驿站和情报网。因此，人们称他是“无所不知的罗斯柴尔德”。正是因为有了这一高效率的情报通信网，内森才能比英国政府抢先一步获得滑铁卢的战况。

在这个故事中，内森正是凭借着信息的不对称，赚了如此之多的财富，这就足以说明信息中自然藏有财富，关键是我们要以快速、准确的方式去获得信息，只有这样才可以让隐藏在信息中的财富为我们所得。

为了成为不完全信息博弈中占据优势那一方，我们必须注重信息、研究信息，快速获得最新消息。只有这样，我们才可以先别人一步占据优势，先别人一步将信息中的财富夺过来。

某家大型企业集团的采购部经理脾气暴躁、盛气凌人，许多想向他推销产品的业务员都碰了钉子。有一次，他到某个城市出差，准备停留一周。该城市一家办公设备生产企业的销售主管知道后，希望能与他草签一个合作意向。

销售主管先派A、B两个业务员去宾馆拜访这位经理，两个人贸然前去，都碰了一鼻子灰，带着失败的消息回到公司。销售主管在希望渺茫的情况下，决定让刚毕业的C去碰碰运气，只当锻炼新人。而这时，距采购经理离开只剩下三天了。C并没有急于去宾馆，而是通过各种渠道详细了解采购经理的奋斗历程，弄清了他的毕业学校、处事风格、兴趣爱好及最后三天的日程安排。

这些准备工作用了C一天的时间。到了第二天一早，C仍然不急于拜访这位经理，而是回到公司，整理了一个小时的资料，对公司产品和竞争对手的产品进行了详细的比较，并将能突出自家产品优势的地方全都列了出来，然后对采购经理最关注的耐用性、售后服务等关键点进行了非常具有诱惑力的强化。其实他已经查明，采购经理今天上午有一个简短的约会，要到十点半才回去，所以，做这些准备工作是来得及的。

C在十点一刻到了宾馆，在通向采购经理房间必经的电梯旁等候。十点半，采购经理回到了宾馆，直接上了电梯，C也马上跟了进去。C从经理最感兴趣的话题开始，很快就得到了去经理房间喝咖啡的邀请。后来的事就很简单了，采购经理一次就订购了这家公司一个季度的产品，并且签订了正式合同。

这个故事告诉我们，在处理问题的过程中，信息有时能发挥关键作用。所以，千万不要忽视了信息的作用。如果你能收集到比别人更多的信息，也就有了更大的胜算。

收集信息不仅是解决问题的一个步骤，而且有时起到极为关键的作用，比如，当各种方法都尝试过，当问题成了一团乱麻，一切都僵住了，这时，最好的办法是再问问自己，原来收集的信息够全面吗？有没有被漏掉的信息？解决之道很可能就藏在被你忽略的信息中。

收集信息的过程，同时也是开拓思路、激发创造力的过程。想激发创意灵感，其中的一个方法，就是对已经掌握的各种信息进行排列、重组、比较、联想、质疑等。千万不要轻视信息，以为信息已经足够用了。

收集信息不仅仅可以帮助你做出成功的决策，其实在很多时候，财富就隐藏在信息中，关键看你能不能把握它，能不能应用它做出正确的判断。

宋国有一户人家，世代以漂染丝绸为业，他家有一种祖传秘方，能调制防治手脚皲裂的药膏。有位游客听说后，要出高价买这种药方。

漂丝人全家商量，认为一家人辛辛苦苦漂染丝绸一年，只不过能赚一些钱，现在一下子可以得到一大笔钱，于是决定把药方卖给那位游客。

游客买下药方，来到吴国。吴国正与越国交战，时值隆冬腊月，北风刺骨，吴国水军士兵的手脚都皲裂了，无法持戈作战，吴王为此很着急。这时，游客献上药方，吴王封他为将，调制药膏治愈了士兵手脚上的皲裂，一蹴而就，打败了越军。

吴王很高兴，赐封给游客大片土地作为奖赏，并封他为侯。

同样是治皲裂的药膏，漂丝者只为一家人在冬天漂丝用，游客则用于两国交战，结果得到了大片的封地。游客聪明就聪明在他利用信息的智慧，一方面，他掌握了“吴王为士兵在冬天出现手脚皲裂而担心”的信息，另一方面，他掌握了“宋国人能够调制预防手脚皲裂药膏”的信息。利用这些信息，他大赚了一笔。

有一句很著名的话，可以用来说明财富就隐藏在信息中：“即使是风，也要嗅一嗅它的味道，你就可以知道它的来历。”

在这个信息瞬息万变的时代，关注信息就是关注财富，任何的风吹草动都有可能包含着让我们成功的信息。假如你拥有了比别人更多的信息，并且具备分析、提取信息的能力，你就比别人拥有了多得多的优势和胜算。

学会利用信息

对于每个人来说，掌握信息是一种必不可少的人生智慧。财富和事业就隐藏在信息中，就看你能不能把握它，能不能应用它做出正确的判断！

任何时候，都不要只做被动接受信息的那个人，要学会主动利用信息。你可以搜寻各种信息给自己带来方便、带来灵感，也可以通过发布信息为自己带来利益。让信息为我所用，才能成为最大的赢家。

小李大学快毕业时，如愿找到一份满意的工作。为了继续完成论文，拿到毕业证书，她仍然住在学校的公寓里。按照同学告诉她的乘车路线，小李每天上班要换乘三次公交车，每天早出晚归，回到公寓，草草地吃过晚饭，已经没有时间写论文了。

两个星期以后，小李觉得苦不堪言。她想请假专门写论文，又怕耽误了好不容易找到的工作。然而，交通路线是不可能缩短的，这个问题怎样才能解决呢？

又是一个清晨，小李在车站等公交车，她漫不经心地浏览各种站牌，忽然，她惊喜地发现，站牌的最下面，有一趟公交车可以直达离她所在公司很近的一个站点。小李于是试着乘坐了那趟车，结果她发现，虽然下车后要步行五分钟的路程，但比起转乘三次车，时间还是节省了半个小时左右。

小李后悔自己怎么没有早点发现这趟公交车呢？她开始分析其中的原因——原来，由于事先被同学告知了乘车路线，小李的脑子里就形成了思维定式，认为只有这一条乘车线路，忽视了对新信息的寻求。

从这件小事中，小李懂得了信息的重要性。以后，凡是在工作中遇到不好解决的问题，小李总是回到问题的出发点——信息上。要么把已知的信息重新整理一遍，要么去寻找是否有被自己漏掉的信息。而无一例外地，在增加信息量的过程中，小李总能找到灵感的火花，想出解决问题的办法。

现代社会是信息科技日益发达的时代，人们每天都要和信息打交道，甚至大部分时间都在和信息打交道。信息在解决问题过程中的重要性，也日益突显出来。拥有信息量的多少、收集信息速度的快慢、对信息有效利用的程度，都决定了一个人解决问题的水平和能力。解决问题的钥匙往往就藏在信息中。创意丰富的人其实也都是占有大量信息的人。

亚默尔肉类加工公司的老板亚默尔习惯天天看报纸，虽然生意繁忙，但他每天早上到了办公室，就会看秘书给他送来的当天各种报纸。某一年初春的一个上午，他仍然和平时一样细心地翻阅报纸，一条不显眼的不过百字的消息把他的眼睛牢牢吸引住了：墨西哥疑有瘟疫。亚默尔顿时眼睛一亮：如果墨西哥发生了瘟疫，就会很快传到加州、得州，而加州和得州是北美肉类的主要供应地，一旦发生瘟疫，全国的肉类供应就会立即紧张起来，肉价肯定也会飞涨。

他立即派人到墨西哥去实地调查。几天后，调查人员回电报，证实了这一消息的准确性。亚默尔放下电报，立即集中大量资金收购加州和得州的肉牛，运到离加州和得州较远的东部饲养。两三个星期后，瘟疫就从墨西哥传染到联邦西部的几个州。联邦政府立即下令严禁从这几个州外运食品，北美市场一下子肉类奇缺、价格暴涨。亚默尔及时把囤积在东部的肉牛高价出售，这一条信息让他赚取了巨额利润。

亚默尔的成功不是偶然的，而是他长期看报纸，去获取最新信息，并善于抓住那些信息中对他公司有利的信息加以利用的结果。为了更有效地获取信息，也为了避免他个人的力量无法兼顾到所有的信息，他还专门成立了一个小组，负责为他收集相关信息，这些收集信息的人员的文化水平都很高，且富有管理经验，懂得哪些信息是有用的，哪些信息是无用的。

他们每天把世界上重要的几十份报纸阅读一遍，并对其中重要的相关信息进行分类，最后再对这些信息做出相应的评价，而这些已经集聚了全世界信息精华的信息，最后才会被送到亚默尔手中，再由他去选择出可以为公司带来财富的信息加以利用。如果他觉得某条信息有价值就和他们共同研究。这样，他在生意经营中由于信息准确而屡屡成功。难怪有人说，解决问题能力的高低，往往取决于一个人是否擅长发现被别人忽视的信息。

你可以好好利用信息帮你解决难题。你还可以巧妙地利用信息的不对称性，将有利于自己的信息传递到别人那里，从而让自己更顺利地实现目标。

小道消息能不能信

90% 的小道消息都是假的。只有 10% 是真的，且更害人，它们让你得点甜头之后去相信更多的假消息。

有些人似乎对小道消息情有独钟，究竟可信与否呢？我们首先来分析一下小道消息的分类：

第一种是信息本源真实、传播区域有限的小道消息。一些本属不得外泄的“内部详情”或暂不确定、暂不发布的信息，经“有关舌头”有意无意地漏出来，再经小道传播开去。这种小道消息大多属于“内流河”，滋润的耳目有限，是小道消息中传播长度最短、传播区域最窄、失真率较低的一种，一般只在特定场合中流传。这种小道消息比较纯粹、正统，缺乏传播快感和创意，对传播者的资质要求较高，所以其爱好者极少，受益者也很少。

第二种则是信息本源真实，但经小道传播，就变了形容和腔调，九曲回转，逐渐在市井间演变成流言的小道消息，俗称流言，也即“流失真实的言论”。这类小道消息的传播区域广，传播速度快，渗透性强，失真率高。它有一个基本的传播原则是：变白为黑，倒上为下。甭管是什么信息，一律是白的传成黑的，黑的传得更黑；好的传成坏的，坏的传得更坏。宋国有个姓丁的人，家里没有水井，需要出门去打水，经常派一人在外专管打水。等到他家打了水井，他告诉别人说：“我家打水井后就像得到一个人似的。”有人听了就去传播：“丁家挖井挖到了一个人。”很快周围的人都知道了，并越传越离奇，等传到官府的耳朵里时，已经变成了“丁家挖井挖到好多死人”。

第三种小道消息是信息本源虚假，是由捕风捉影、主观臆断或者凭空杜撰而得出一种信息，然后继续以讹传讹，逐渐脱胎换骨最终在市井间形成谣言的小道消息。这类小道消息传播区域最广，传播速度最快。它本来并不存在什么失真问题，因为信息源本身就是虚假的。但相对于虚假的信息源本身来说，经过一些舌头富有思想感情和审美意识的传递，要想和这个信息源保持一样是绝对不可能的，而且，其失真率一般都极高，一般传到中段的时候，原来的主人便认不得了。

综上所述，但凡小道消息在传播过程中都难免失真，不管其本身是真是假。对于小道消息，要具体判断其可信度。跟我们的切身利益关系最大的小道消息恐怕就是股市中的传言了。大部分投资人无法分辨投资对象的优劣，因此把朋友、投资顾问视为其投资建议的可靠来源，殊不知这些来源可能正是导致其亏损的罪魁祸首——毕竟杰出的投资顾问就如同杰出的医生、律师、棒球选手一样，百里挑一。

有些人总是靠耳语、谣言、故事及一些业余人士的建议投资股票。换句话说，他们等于是把自己的血汗钱交给别人投资，而不愿意费神确定自己真正要投资的是什么。他们宁愿相信别人的耳语，也不愿相信自己的决定。

靠听股评能赚钱吗？很多人说，看电视上、报纸上的专家怎么评论市场、怎么点评股票，照着做不就行了吗？这里有两点你解决不了：一、专家未必都对。专家点评股票是有一定时间性的，专家改变观点的时候，没有告诉你，你还在相信他以前的观点，不就错了么？二、证券市场没有专家，只有赢家和输家。那么多的所谓专家，未必都有真才实学。即使是真正的专家，也不能替你做一辈子主。

比尔·盖茨和巴菲特是非常要好的朋友，他们经常打牌。比尔·盖茨还教巴菲特上网，给巴菲特讲了很多次关于他的企业——微软的情况，但巴菲特就是不买微软的股票。他说，我怕我养成了靠消息——哪怕是最好朋友的消息，而购买自己不了解的公司股票的坏习惯。

经常想要得到内部消息的我们，是不是应当引以为戒呢？

有一项调查发现，投资者根据小道消息或内幕消息操作的结果是：54%有赔有赚，35%赔多赚少，只有11%赚多赔少。看来，调查结果并不符合投资者打听小道消息或内幕消息操作的初衷；而赔多赚少所占的比例高达35%，也表明投资者听小道消息赚钱不容易。

但是根据投资者的经历，一些内幕消息在营业部等公开场合传播后，52%的被调查者认为会有几个人相信并据此投资；31%的被调查者认为常常有不少人一起跟风买卖；17%的被调查者认为基本没人相信，也不会据此投资。

看来，内幕消息在公开场合传播后，相信并据此投资的人不在少数。72%的被调查者认为目前市场上这种“跟风”情况还不算严重，只有一些人跟风；18%的被调查者认为很严重，“跟风”情况十分普遍。对于这种“跟风”情况和小道消息的传播，53%的被调查者心存警惕，认为不正常，这往往是庄家散布消息企图让人跟风，监管机构应采取措施禁止小道消息传播；40%的被调查者认为这很正常，个人投资者需要更多渠道获取信息；7%的被调查者认为不正常，但别人知道了这些消息自己不知道就会吃亏。由此可见，投资者对“跟风”行为并不是十分反对，还是希望获得一些“跟风”消息的，并希望通过自己的判断来进行投资。

事实上，我们所有人都清楚，在实现信息真正的公开共享之前，任何小道消息都是值得怀疑的。但是人往往摆脱不了“宁可信其有”的心理，只好自己吃亏。

♝ 画重点

1. 如何获得信息、利用信息，是决策者进行博弈决策的关键。任何时候，都不要只做被动接受信息的那个人，要学会主动利用信息。

2. 小道消息在传播过程中难免失真，不管其本身是真是假。

第九章

博傻理论：不做最大的傻瓜

在这个世界上，傻不可怕，可怕的是做最后一个傻瓜。我们要尽量抓住主动权，做自己认为正确的事情、自己能够把控的事情。

何谓搏傻理论

如果没有一个愿意出更高价格的傻瓜来做你的“下家”，那么你就成了最大的傻瓜了！

著名的经济学家凯恩斯，为了能够专注地从事学术研究，免受金钱的困扰，曾外出讲课以赚取课时费，但课时费的收入毕竟是有限的。于是他借了几千英镑去做远期外汇这种投机生意。

仅仅 4 个月的时间，凯恩斯净赚 1 万多英镑，这相当于他讲课 10 年的收入。但 3 个月之后，凯恩斯把赚到的利润和借来的本金输了个精光。7 个月后，凯恩斯又涉足棉花期货交易，又大获成功。

凯恩斯把期货品种几乎做了个遍，还涉足股票。后来，他因病而“金盆洗手”的时候，已经积攒起一生享用不完的巨额财富。

与一般赌徒不同，作为经济学家的凯恩斯在这场投机的生意中，除了赚取可观的利润之外，最大也是最有益的收获是发现了“博傻理论”。凯恩斯曾举过这样一个例子来说明这一理论：

从 100 张照片中选出你认为最漂亮的脸，选中的有奖。但确定哪一张脸是最漂亮的脸是要由大家投票来决定。

试想，如果是你，你会怎样投票呢？此时，因为有大家的参与，所以你的正确策略并不是选自己认为的最漂亮的那张脸，而是猜多数人会选谁就投谁一票，哪怕丑得不堪入目。在这里，你的行为是建立在对大众心理猜测的基础上而并非你的真实想法。

凯恩斯说，专业投资大约可以比作报纸举办的比赛，比赛要读者从 100 张照片中选出最漂亮的面孔，谁的答案最接近全体读者作为一个整体得出的平均答案，谁就能获奖；因此，每个参加者必须挑选出并非他自己认为最漂亮的面孔，而是他认为最能吸引其他参加者注意力的面孔，其他参加者也都以同样的方式考虑这个问题。现在要选的不是根据个人最佳判断确定的真正最漂亮的面孔，甚至也不是一般人认为的真正最漂亮的面孔。我们必须做出第三种选择，即运用我们的智慧预计一般人的意见，认为一般人的意见应该是什么……这与谁最漂亮无关，你关心的是怎样预测其他人认为谁最漂亮，又或是其他人认为其他人认为谁最漂亮……

人们都会跟随别人的选择、猜测别人的选择，进而依据这些信息来做出自己的判断，而不是依据自己的理性推断。这就是博傻理论产生的根源，敢于博傻的人，都是在利用人们内心中存在的“从众心理”，找到更大的傻瓜，那么你就是胜者。

最简单的例子莫过于股票市场，股指越高的时候，人们越敢进入，也是这个道理。人们之所以完全不管某个东西的真实价值，而愿意花高价购买，是因为他们预期有一个“更大的傻瓜”会花更高的价格，从他们那儿把它买走。比如说，你不知道某只股票的真实价值，但为什么你会花 20 块钱去买一股呢？因为你预期当你抛出时会有人花更高的价钱来买它。

博傻理论所要揭示的就是投机行为背后的动机，投机行为的关键是判断“有没有比自己更大的傻瓜”，只要自己不是最大的傻瓜，那么自己就一定是赢家，只是赢多赢少的问题。如果没有一个愿意出更高价格的傻瓜来做你的“下家”，那么你就成了最大的傻瓜。可以这样说，任何一个投机者信奉的无非最大的傻瓜”理论。

这一理论的直接恶果，就是促成了投机的氛围，使人们偏离理性的行为决策范畴，成为跟风、投机的大傻瓜，最终都损失惨重。人们绝难想到世界经济发展史上第一起重大投机狂潮，是由一种小小的植物引发的。这一投机事件是因荷兰由一个强盛的殖民帝国走向衰落而被载入史册的，它也是迄今为止证券交易中极为罕见的一例。经济学上的特有的名词“郁金香现象”便由此而出。

郁金香是一种百合科多年生草本植物，原产于小亚细亚，在当地极为普通。一般仅长出三四枚粉白色的广披针形叶子，根部长有鳞状球茎。每逢初春乍暖还寒时，郁金香就含苞待放，花开呈杯状，非常漂亮。郁金香品种很多，其中黑色花很少见，也最珍贵。郁金香的花瓣上，多有条纹或斑点，容易受病毒的侵袭。

曾经的荷兰社会是培育投机者的温床。人们的赌博和投机欲望是如此强烈，美丽迷人而又稀有的郁金香难免成为他们猎取的对象，机敏的投机商开始大量囤积郁金香球茎以待价格上涨。在舆论鼓吹之下，人们对郁金香的倾慕之情愈来愈浓，最后对其表现出一种病态的倾慕与热忱，以致拥有和种植这种花卉逐渐成为享有极高声誉的象征。人们开始竞相效仿，疯狂地抢购郁金香球茎。起初，球茎商人只是大量囤积以期价格上涨抛出，随着投机行为的发展，一大批投机者趁机大炒郁金香。一时间，郁金香迅速膨胀为虚幻的价值符号，令千万人为之疯狂。

郁金香在培植过程中常受到一种“花叶病”的非致命病毒的侵袭。病毒使郁金香花瓣产生了一些色彩对比非常鲜明的彩色条或“火焰”，荷兰人极其珍视这些被称为“稀奇古怪”的受感染的球茎。

“花叶病”促使人们更疯狂地投机。不久，公众一致的鉴别标准就成为：“一个球茎越古怪其价格就越高！”郁金香球茎的价格开始猛涨，价格越高，购买者越多。欧洲各国的投机商纷纷拥入荷兰，加入了这一投机狂潮。

1636 年，以往表面上看起来不值一钱的郁金香，竟然达到了与一辆马车、几匹马等值的地步。就连长在地里肉眼看不见的球茎都几经转手交易。

1637 年，一种叫 Switser 的郁金香的球茎价格在一个月里上涨了 485%！一年时间里，郁金香总涨幅高达 5900%！

所有的投机狂热行为都有着一样的规律，价格的上扬促使众多的投机者介入，长时间的居高不下又促使众多的投机者谨慎从事。此时，任何风吹草动都可能导致整个市场的崩溃。一时间，郁金香成了烫手山芋，无人再敢接手。郁金香球茎的价格宛如断崖上滑落的枯枝，一泻千里，暴跌不止。荷兰政府发出声明，认为郁金香球茎价格无理由下跌，让市民停止抛售，并试图以合同价格的10%来了结所有的合同，但这些努力毫无用处。一星期后，郁金香几乎一文不值，其售价不过是普通洋葱的售价。千万人为之悲泣。一夜之间多少人成为一文不名的穷光蛋，富有的商人变成了乞丐，一些大贵族也陷入无法挽救的破产境地。

暴涨必有暴跌，客观经济规律的作用是任何人都无法阻挡的。下跌狂潮刚过，市民们怨声载道，极力搜寻替罪羊，却极力回避全国上下群体无理智的投机这一事实。他们把原因归结为政府调控手段不力，恳请政府将球茎的价格恢复到暴跌以前的水平，这显然是自欺欺人。

人们紧接着把求援之手伸向法院。恐慌之中，那些原已签订合同要以高价购买的商人全部拒绝履行承诺，只有法律才能督促他们依照合同办事。然而，法律除了能干预某些具体的经济行为外，是决不能凌驾于经济规律之上的。法官无可奈何地声称，郁金香投机狂潮实为一次全国性的赌博活动，其行为不受法律保护。

人们彻底绝望了！从前那些因一夜乍富喜极而泣之人，如今又在为乍然降临的一贫如洗仰天悲哭了。

世界投机狂潮的始作俑者为自己的狂热付出的代价太大了，荷兰经济的繁荣仅昙花一现，从此走衰落。郁金香球茎大恐慌给荷兰造成了严重的影响，使之陷入了长期的经济大萧条。17世纪后半期，荷兰在欧洲的地位受到英国有力的挑战，欧洲繁荣的中心随即移向英吉利海峡彼岸。郁金香依然是郁金香，荷兰却从此从世界头号帝国的宝座上跌落下来，一蹶不振。“郁金香现象”也成了经济活动特别是股票市场上投机造成股价暴涨暴跌的代名词，永远载入世界经济发展史。

神奇的卖马交易

任何事情显现出泡沫化的倾向时，一定要尽早脱手，否则将损失惨重！

路易斯安那州有两位农夫，他们的名字分别为皮埃与沙颂。

有一天，皮埃来到沙颂的农场，并赞美沙颂的马说："这真是一匹漂亮的马，我一定要买下它。"

沙颂回答道："皮埃，我不能卖它，我已经拥有这匹马很多年了，而且我很喜欢它。"

"我愿意付出10美元的代价买下它！"皮埃说道。

沙颂说："好吧，我同意。"

于是他们签下一纸合约。大约一个星期之后，沙颂来到皮埃的农场对他说："皮埃，我一定要拿回我的马，我实在太想念它了。"

皮埃说道："可是我不能这么做，因为我已经花了5美元买了一部拖车。"

"我愿意付20美元买下这匹马和拖车。"沙颂说。皮埃默默地盘算着：15美元的投资，一个星期赚了5美元，折合年收益率超过1700%！所以，他说："就这么办。"

于是，皮埃与沙颂不断地交易这匹马、拖车与其他的附属配件。最后，他们终于没有足够的现金来交易。所以，他们便去找当地的银行。银行家首先查明他们的信用状况，以及这匹马的价格演变历史，于是放款给他们两个人，而马匹的价格在每轮的交易中不断地上涨。每当完成一次交易，银行家可以回收全部的放款与利息，而皮埃与沙颂的现金流量也呈几何级数地增加。

这种情况持续进行，直到数年以后，皮埃以1500美元的价格买下马匹。然后，有一个东部来的商人（哈佛大学的MBA商学硕士）听说了这匹神奇的马，并（根据统计历史价格）做了一些精密的计算，来到路易斯安那州，以2700美元的价格向皮埃买下这匹马。

沙颂听到这个消息以后非常生气，他来到皮埃的农场大声责怪道："皮埃！你这个家伙，怎么能以2700美元的价格卖掉马匹呢！我们的生活都靠着这匹马啊！"

开始时皮埃和沙颂手头现金各100美元，马在沙颂的手中。

第一轮交易，皮埃的10美元到了沙颂的手中，马到了皮埃的手中。

皮埃有90美元和马，沙颂有110美元。

第二轮交易，沙颂的15美元到了皮埃的手中，马到了沙颂的手中。

皮埃有105美元，沙颂有95美元和马。

第三轮交易，皮埃的20美元到了沙颂的手中，马到了皮埃的手中。

皮埃有85美元和马，沙颂有115美元。

第四轮交易，沙颂的30美元到了皮埃的手中，马到了沙颂的手中。

皮埃有115美元，沙颂有85美元和马。

第五轮交易，皮埃的50美元到了沙颂的手中，马到了皮埃的手中。

皮埃有65美元和马，沙颂有135美元。

第六轮交易，沙颂的70美元到了皮埃的手中，马到了沙颂的手中。

皮埃有135美元，沙颂有65美元和马。

第七轮交易，皮埃的100美元到了沙颂的手中，马到了皮埃的手中。

皮埃有35美元和马，沙颂有165美元。

第八轮交易，沙颂的150美元到了皮埃的手中，马到了沙颂的手中。

皮埃有185美元，沙颂有15美元和马。

第九轮交易，马的价格涨到了200美元，皮埃的185美元不够了。

于是寻求贷款。双方各贷款100美元以买马，皮埃的现金增加为285美元。沙颂则增加为115美元。

第九轮交易，皮埃付出200美元买下马，沙颂拥有315美元，皮埃拥有85美元和马。

第十轮交易，沙颂付出250美元买下马，皮埃拥有335美元，并清还贷款和利息105美元，剩下230美元现金，而沙颂则拥有65美元和马。

……

于是交易可以不断地进行下去，直到马没有了为止。奇怪的是，当第十轮交易时，皮埃还掉银行的钱时，他拥有的钱是230美元，比他们两人当初的本金加在一起还要多，很明显是拥有了另一方的贷款。但是如果对方继续贷款进行交易，那么两个人的钱就会越滚越多，同时银行可以不断从中获利，他们将成为银行的优质客户，于是银行将不断放大贷款规模。

在经济学中，这个故事的含义是：人们试图通过信用扩张降低利率时，便造成繁荣与衰退的循环。根据凯恩斯学派的说法，生产的驱动力量（换言之，人类经济成就的驱动力量）是总需求——消费的欲望，这是以可支配所得的金额来衡量的。凯恩斯认为，政府仅需要谨慎地提高每个人的货币所得，便可以刺激总需求。这种情况下，企业界会提高生产，消费者会增加支出，而国家的财富（以GDP来衡量）便会积累。

但是我们不需要过多考虑经济学的理论问题，只需要关注我们身边的经济现象。这个故事告诉我们的是：正是双方的不断买卖，马的价格可以一路上涨，彼此都可以不断从中获益。这是通过各种渠道进入其中交易的货币不断增加造成的。

由此，你想到了什么？对，就是股市。

由于每次交易都能有优厚的回报，刺激了越来越多的人愿意投钱进去炒股票。这样下去有可能产生一种良性循环，因为随着参加交易的人不断获利，消费也大幅扩大，将刺激经济繁荣，而经济繁荣又反过来推高股市，从而使股价一路上升。

但是不要忘记了刚才我们说过的那句话："人们试图通过信用扩张降低利率时，便造成繁荣与衰退的循环。"繁荣和衰退会不断循环。上面故事里，由于有人最终高价买走了马，结束了这次交易，所以最终交易双方和银行都得到了盈利，但是如果马在交易中死了会怎么样？一切的交易会终止，最后拥有马的一方必然在交易中出现巨额的亏损，而亏损肯定是由银行来承担。

股市中也一样，当股票价格不断在交易中被拉高，终究会有一天由于价格完全脱离价值，或者企业本身的问题而崩盘，即使没有以上问题，但货币供应是有限的，最后随着股价不断提高而难以为继。到时候由于交易中的资金量已经越滚越大，崩盘引起的亏损也是不可想象的，而且首先亏到的是散户，他们最晚察觉到崩盘。其次是股票型的基金，结果亏的还是散户。

“投资要用大脑，而不用腺体”是巴菲特的名言。大脑要做的是判断企业经营前景和大众心理趋向，而腺体只会让人按照本能去做事。巴菲特也不是百分百地拒绝市场炒作，只不过在没有找到更好的鞋之前，决不会脱去脚上现有的鞋。所以说，对于博傻现象，完全放弃并非最合理的行为，在自己可以掌控的水平上，适当保持一定程度的理性博傻，可以作为非理性市场中的一种投资策略。

从大众心理角度分析股市，博傻理论已经广为人知。股票市场上的一些投资者根本就不在乎股票的理论价格和内在价值，他们购入股票只是因为他们相信将来会有更傻的人以更高的价格从他们手中接过烫手山芋。支持博傻的基础，是投资大众对未来判断的不一致和判断的不同步。对于任何部分或总体消息，总有人过于乐观估计，也总有人趋向悲观，有人过早采取行动，也有人行动迟缓，这些判断的差异导致整体行为出现差异，并激发市场自身的激励系统，导致博傻现象的出现。

对于博傻行为，也可以分成两种，一种是感性博傻，一种是理性博傻。前者，在行动时并不知道自己已经进入一场博傻游戏，也不清楚游戏的规则和必然结局；而后者，则清楚地知道博傻及相关规则，只是相信当前状况下还有更多更傻的投资者即将介入，因此才投入少量资金赌一把。

理性博傻能够盈利的前提是，有更多的傻瓜来接棒，这就是对大众心理的判断。当投资大众普遍感觉到当前价位已经偏高，需要撤离观望时，市场的真正高点也就真的来了。要博傻，不是最傻，这话说起来简单，但做起来不容易，因为到底还有没有更多更傻的人是并不容易判断的。一不留神，理性博傻者就容易成为最傻者，谁要他加入了傻瓜的候选队伍呢？所以，要参与博傻，必须对市场的大众心理有比较充分的研究和分析，并控制好自己的心理状态。

投资、投机与博傻

没有人比你更傻，如果你存在侥幸心理，那么最傻的就是你！

博傻理论本身就是经济学家凯恩斯在其投机行为中总结出来的，所以博傻与投机的关系密不可分。有些人常常把投机与博傻混为一谈。其实，投机与博傻有着质的区别，完全是两种不同的交易水平，可以说一种代表着交易技巧的高超，而另一种则代表着交易技巧的拙劣。

投机，这个名词好像一直是个贬义词，在基金的理财观念中，投资这个名词被用得最多，但是，市场周转率最大的机构投资者中，恰恰有一向标榜理性投资的基金。

投机资金，必定是市场最为敏锐的资金，这类资金介入市场热点及时，有些甚至是发动酝酿一个热点的幕后推手。而且这类资金基本上不恋战，能够迅速兑现筹码，对止损也控制得相当好。而博傻资金，通常是市场最为后知后觉的资金，在热点出现和热点爆发期时，往往是观望、观望、再观望不敢出手，当热点行将结束时，终于忍耐不住勇敢杀入，接了最后一棒，这就是最傻的博傻。

投资时间越长的老手，越会远离博傻。要套住一个新股民，非常容易。然而要套住一个老股民，特别是经过真正大小“多空战役”数十上百次的老股民，那真是难如登天。投机资金，赚的也就是不断新入市的新手们的钱。在千点附近，大多数人都远离市场的时候，这时候留在市场中的，都是真正的股市精锐，大家都削尖脑袋赚别人的钱，可是却没有赢家。为什么？因为没有人博傻！

所以千万别把博傻看作投机。没有市场经验的人，除了大牛市和运气之外，还不具备投机的水平。而博傻后，是否能够及时止损更为关键，股市交易，认识错误并及时改正错误非常重要。

对于我们大多数普通人来说，我们要投资理财。投机和博傻，不是不可以，只是只有足够聪明的人才能够全身而退。首先，你是否清楚这三者的区别？

从理论上，做投资是最安全的，风险也最小。投机呢？风险相对较大，但是要控制风险，也就把不可预计的风险控制在自己可以承受范围内。博傻呢？也就不知道自己在做什么。

投资就意味着你必须懂宏观和微观分析，投资是最轻松的，但是也是最难做到的。投资者还要懂很多东西，必须是比较理性的。事实上，真正的投资者很少。

简单点，可以这么说：投资是一样东西值 1 元钱，我要在 0.7 元买入，等到高估时候，也就是在 2 元卖出。投机呢，只要这东西会涨到 4 元，我不管它值 1 元还是 2 元，我 2.5 元都会买进，只要会涨到 4 元。博傻呢？博傻就是不知道这个东西值多少钱，也不知道自己买入获利多少可以卖出，涨了还想涨，跌了也不知道具体价值，等到跌到忍无可忍时候割肉出局。或者说，博傻者是冒损失 30% 风险去获得 10% 的利润。

当价值投资的阵营从 100% 降到 30% 的过程，就是价值投资到价格投机的过程。博傻只是价格投机的延续或疯狂。当价值投资的阵营从 30% 降到 10% 的过程，就是价格投机走向博傻的癫狂。任何时期都有优秀的企业产生，股票市场总有价值投资的地盘。但是任何时期都有企业破产的可能，大多数企业不能满足股票市场的欲望。每一个渴望在投资、投机，或者博傻行为中获利的人都要明白。

“股神”巴菲特说：“成功投资的第一条要诀是不要亏钱，第二条是别忘了第一条。”但市场投机炒作之风盛行，很多人早将“股神”的忠告抛到了九霄云外，看着低价的 ST 股天天涨停，谁还管公司亏不亏损、是否有退市风险，只要上冲涨停就敢买进。以赌徒心理妄想博取暴利，最终却落得巨亏的下场。

不错，市场很多时候都不能用常理去推测，人心狂热的时候，什么理智都会被抛到脑后，单凭理智很多时候有可能会失去时机赚不到钱，但是一旦市场到了大家都去博傻之时是行情最危险的。投资者丧失了理智，只靠冲动与本能做买卖，并且毫无节制、毫无分析地进入市场，甚至透支博傻，一旦市场崩溃，这些博傻的投机者就是第一批被淘汰出局的人，是损失最惨重的市场牺牲品。

市场不会永远上升，当沉醉于获利，赚钱越来越多，做着股价日日上升的美梦时，保持一点冷静理智。要知道，即使有时错失机会也胜过一次意外而永远不能翻本之恨。所以大家对一些已经升得毫无节制的股市或者股价飙升的个股，都要保持冷静和理智。

大家都在买股票，买股票到底在赚什么钱呢？赚的就是最大傻瓜的钱，当你认为某只股票有增长潜力的时候，在合适的价格买入，等到它真正长起来，再全盘卖出，其中的差价就是你的投机所得。在低潮时买入，在高潮时卖出，才是稳赚不赔的方法。但是要想稳赚不赔是有条件的，你要有本事选择具有无限潜力的行业，并成功把握住该股票的低价时期，大量买入，长期持有，等待出现最大的傻瓜时卖出。

资本市场上，永远都不会没有投机行为，永远都会有最大的傻瓜。如果你不想成为那个最后的傻瓜，就要学习博傻理论，结合它去投资、投机，但不要随便跟人去博傻。

不要盲目跟风

成功的投资人早已告诫过我们：在股市中，不是比谁赚得快，而是看谁活得久。

自己不加判断地跟着别人走，会有两种结果，分别有两个模型可以说明，一是“羊群效应”，一是“博傻理论”，下面来看：

有一群羊，当其中的几只羊要么口渴，要么饥饿，要么受外部某种条件刺激（遇到凶猛野兽等）向某个方向（水源、草源、自认为安全的地方）行进时，另外的大部分羊都会无目的地和那几只羊一起行动（尽管不是所有的羊都口渴、饥饿、受威胁）。结果有两个：要么它们得到了水、草、安全，要么它们什么也没有得到。

一些聪明的人看到某种物品开始上涨，甚至涨得有些离谱时，估计（其实就是赌，也就是博）还会上涨因而去追高买进，当有了一定的获利空间后把它抛出，而另一些人胆子更大，在更高的价位接盘，当你为他捏一把汗时，价格真的还向上涨，结果，他也获利了，紧接着，胆子更大的人（也就是比前边几个更傻的人）又冲了上去，等待他的是两种结果，要么他也获利了（证明他不是最傻的，这样的话，游戏还得继续，必须决出最傻的人），要么这个物品在他接手时开始下跌，他成了最大的傻瓜。

如果结果是第一种倒还好，大不了是做一回傻瓜，损失时间和精力。但如果结果是第二种可就不太妙了，如果输了的话会很惨。

许多人想要做投资，但是由于对基金和股票一窍不通，又没有时间去打理，所以总是抱着想省时、省事还想捞一把的心态，看到身边的人在买什么，就“跟风”把钱全部投进去。其实我们都知道，看到其他人赚钱，想捞一把就完全照搬别人的这种心态，本身就是不正确的。我们都很清楚，看到其他人做生意赚钱，自己如果贸然进入做同样生意的话最有可能出现什么样的结果。做投资，也是同样的道理，盲目的从众心态绝对不可取。你必须根据自身的情况制订出适合自己风险偏好的理财计划。

事实上，从众投资并不意味着一定带来亏损，但盲目从众一定会使人失去方向，无论你是专业投资人士，还是普通的个人投资者。

市场定价有一个颠扑不破的规则，它更多地取决于供求关系，以及人们对所购买物品的价值判断。股票市场也毫无例外，供求关系与股价波动的不确定性放大了人们投资的风险，所有的人都期望1元买入，50元卖出，“羊群效应”就在这个价格区间开始上演了。股票从1元钱涨到10元钱，人们也许忧虑迟疑，一旦涨到20元钱，大家开始疯狂地进入，直到股价飚升到50元。2001年网络泡沫的破灭，人们清醒地看到：在狂热的市场气氛下，获利的是领头羊，多数狂热的追随者都是牺牲者，因为后来的追随者绝大多数都不知道股票的真实价值。

从众投资的风险同样也来自业内分析师的推荐，我们有时候也注意到一只很有价值的股票被发现的时候，市场并不给它充分的价格，这个时候只有一两位分析师推荐，股价也并不大幅上涨，一旦越来越多的分析师认识到它的价值并开始推荐的时候，股价开始大幅上升了，并在一定阶段开始飙升，这个时候所有的分析师开始推荐了，所有的投资者开始关注这只股票，在这个时候投资这只股票，我们通常发现它的超额收益其实比较有限。这就是市场的定价，所有的人都开始关注与投资的股票很难从市场的供求关系中获得超额收益。

当然，并非所有的上涨股票我们都不可以投资，也并非我们不可以从众投资，问题是我们要投资我们所熟悉的股票，我们所要知道的是我们所要投资股票的价值底线。巴菲特一直强调，投资自己熟悉的股票，不要追逐市场的热点。事实上，巴菲特也留了一手，他自己熟悉纺织行业，但他很少介入。

“羊群效应”曾经在股市中酿过千万悲剧，但是这种悲剧在市场中永远不会结束。在任何市场条件下，无论我们投资的是不是热点，我们需要明白的是：不做盲目的从众投资。

不仅仅是投资理财需要如此。做任何事情，都要有自己的立场，不要盲目从众。

有一个笑话十分有趣，说的是一位石油大亨到天堂去参加会议。他兴冲冲地跑进会议室，却发现会场座无虚席，早已没有了自己的座位。于是，他灵机一动，喊了一句“伙计们，听说了吗？刚才他们在地狱里发现了石油！”

此话一出，天堂里的石油大亨们生怕落后一步被别人夺走了利润，于是纷纷向地狱跑去。人们蜂拥而出，顿时天堂里就空了下来，石油大亨刚想找个椅子坐下来歇歇，忽然听到外面的人在议论地狱里的石油多么丰富、开采成本多么小，这位大亨心里纳闷，莫非地狱里真的发现石油了？于是他也急匆匆地向地狱跑去，天堂里又空无一人了。

人们都有从众心理，形成了周围的人都在做的事情，就应该效仿的观念。在这种观念的驱使下，很多时候，还没有理清头绪，还没有搞清楚事情的真假对错，就盲目跟风，随波逐流，这样的后果往往就是赚不到便宜，甚至会酿成悲剧，更会成为别人的笑柄。从众心理，给人带来的损失是不可轻视的，我们不应该成为从众的牺牲品。人要想克服这种从众心理，必须要培养自己的主见，对任何事情都要有自己的观点，即使你的观点得不到任何人的支持，也不要轻易否定自己。做事情时，要多动脑子，不要让别人的言行影响了你的决定。

盲目从众的心理是人生的大忌。凡事多考虑一下，不要盲从，不要随声附和众人，让自己正确的决定去支配自己的行动，才能一路轻松、一路欢快、一生不后悔。

♝ 画重点

1.我们要参与博傻，必须对市场的大众心理有比较充分的研究和分析，并控制好自己的心理状态。

2.做任何事情，都要有自己的立场，不要盲目从众。

下　篇

每天学会使用博弈论

第十章

职场博弈，少走十年弯路

在职场生存，我们会遇到形形色色的问题，比如，如何与领导和同事相处，如何取得客户的信赖，如何在工作中谋求发展等。要想游刃有余地处理好这些问题，必须掌握一些职场博弈的策略，这样才能步步高升，决胜职场。

与人握手时，多握一会儿

加拿大形象设计师凯伦说道：“握手是一门如此有趣的艺术，它让我们在瞬间产生种种推测和判断，握手的信息是无言的，但它是那么丰富和微妙。握手是如此感性，它在对方开口之前，让我们感受到他的内心活动。”

握手，按字面理解为手与手的结合，但这种状态能发展成为心与心的沟通，即人们能够更多地从中感到一种强烈的连带关系。通过这种有力的握手，对方会对你的诚意、热情，以及坚强的意志、强硬的外表等留下深刻的印象。

握手可以表现出一个人是否饱含真诚。真诚的人握着你手的时候是暖暖的，虽然他手的实际温度或许并不高，但他的真诚通过两只手热情地传递过来，让人对他产生一种信赖和好感。

有些人在与人握手时，只不过是轻轻一碰就松开，或是一边与人握手，一边目光闪躲，这是极不尊重对方的表现。这些缺乏真诚的握手对形象是有百害而无一利的。

艾女士热情而敏感，是一家知名房地产公司的副总裁。有一天，她接待了来访的某家建筑材料公司的销售经理韦先生。

初次见面，艾女士面带笑容地走向韦经理。韦经理却先伸出手来，让艾女士握了握。艾女士客气地对他说：“很高兴你来为我们公司介绍这些产品。这样吧，让我看一看这些材料，我再和你联系。”

韦经理在几分钟内就被艾女士送出了办公室。后来几天，韦经理多次打电话，但得到的是秘书的回答：“艾总不在。”

到底是什么让艾女士这么反感韦经理呢？

在一次形象讨论课上，艾女士提到这件事，仍然余气未消，“首次见面，他留给我的印象不仅没有绅士风度，而且不懂基本的商业礼仪。他伸给我的手不但看起来毫无生机，握起来更像一条死鱼，冰冷、松散、毫无热情。当我握他的手时，他的手掌也没有任何反应。握手的这几秒，他就留给我一个极坏的印象，没有让我感到一丝对我的尊重，对我们的会面也不重视。

作为一个公司的销售经理，居然不懂得基本的握手方式，他显然不是那种经过高度职业训练的人。而公司能够雇用这样素质的人做销售经理，可见公司管理者的素质和层次也不会高。这种素质低下的人组成的管理阶层，怎么会严格遵守商业道德，提供优质、价格合理的建筑材料呢？我们这样大的房地产公司，怎么能够与这样作坊式的小公司合作呢？怎么会让他们为我们提供材料呢？”

艾女士的怀疑不无道理。心理学家及身体语言专家们认为，握手能判断人的性格。

在同性的陌生人中，主动伸出手的人性格坚定、热情或者有丰富的人际关系经验；性格支配欲望强的人会让自己手心朝下压在别人的手上。

手心湿漉漉、汗淋淋的人，性格可能不会轻松，更容易感到焦虑、紧张，尤其是会见让他有压力的人。

性格粗犷、豪放，甚至莽撞的人，会过度地握住别人的手，像要把人的骨头都握碎。

你伸出手来对方却没有反应，可能不懂礼仪或者有意冷淡、让人难堪甚至根本没有看见，也有可能是性格极端封闭、内向。

双手紧握对方手的人，表现出超人的热情和极度盼望的心情。这种被称为手套式的握手，是为政治家们所钟情的，被用来操纵人们心理的握手方式。它表现了对被握手人的亲密和渴望，它能缩短或消融人与人之间的距离。

通常，性格热情的人会有力地握住你的手，上下摇动以表示渴望与你相见。性格冷淡甚至内心冷酷的人伸出的则是冰冷、僵硬、无力的手，像一条死鱼。

在全世界，最让人憎恨的握手方式就是这种“死鱼”式的握手。这种握手方式，对方伸出来的手让你感到像是抓着了一条死鱼，你的心中会立刻感到被拒绝、排斥，这是最没有礼貌、最破坏自己形象的握手方式。

这种握手让人感到对方内在性格冷淡、虚弱、傲慢、无知、愚蠢，他不但内心冷漠，而且愚蠢到不知道如何假装礼貌。虽然不是每个用“死鱼”式握手的人都是这样的性格和态度，但是这样的握手留在别人心中的第一印象是难以弥补的。

办公室里更要“拘”小节

不拘小节常被人看作大度潇洒的表现。所谓“大礼不辞小让”，做大事的人哪顾得了那些鸡毛蒜皮的小事？事实是这样的吗？

博弈论专家认为，所有的大事全部是由不起眼的小节组成的，唯有注意小节，才有可能做成大事。更何况，许多小节也许不会给你带来明显的收入，却是一个人修养素质的全部体现，是一个人潜在的形象及人际资源方面的投资。

麦克是一名高级精算师，受一家保险公司之邀，前去商谈一些可能合作的培训项目。

在会客室里，麦克见到了几个重要的负责人。麦克非常注重细节和卫生，而那天会见的人，却着实给麦克留下了“难忘的第一印象”。他说：“那个主要负责人热情地坐在我身边，专注地介绍着保险业的前景，而我的视线却无法离开他的鼻子，我根本没有听进去任何内容，我的思维全被那‘红杏出墙’的鼻毛占领了！只要一看他的脸，我就产生强烈的欲望——要替他剪掉那扰乱我思维的鼻毛。我试图忘却他的鼻毛，把目光和注意力移到他头以下的部位，却又看到他肩上落着白花花的一层头屑，我忍不住要作呕。为了礼貌，我只好又把目光放在他脸上。整个上午，我的大脑中只有两个画面——黑鼻毛、白头屑。待到中午吃饭时，我生怕自己被安排在他身边，借口讨论技术坐在另一个负责人身边。”

如此不注意个人卫生的人，给客户留下的影响也就不言而喻了，而凭着这样的影响，即使这次生意谈妥了，你还指望会有下次吗？

有的人也许腰缠万贯，却言辞粗俗；有的人口袋里没几个钱，衣着打扮也非名牌，但就是举止大方，气度不凡，让人不敢小瞧。

比如走路这样一个再平常不过的行为，有的人走路时低头驼背，无精打采，有的人则挺胸抬头，器宇轩昂；有的人左摇右晃或连蹦带跳，有的人则端庄大方，沉稳干练，等等。同样的道理，站姿、坐姿、吃相、着装等无一不向别人传递着你的修养品味、性格学识等多方面的信息。

小乔和小韦被同时调到子公司工作，领导打算在她俩中间选拔一人担任美术总监。从两个人的成绩上看，技术水平不相上下。小乔在思路方面略胜一筹，因为她有多年的工作经验。

小乔上班时间从来都是一身T恤、牛仔裤的打扮，光脚踩一双凉拖鞋，也不顾计算机室的换鞋规定，屋里屋外就这一双鞋。不管是在工作台前画图，还是在计算机前操作，只要活干得顺手，高兴起来能把鞋踢飞。

同事们渐渐和她熟悉起来，甚至肆无忌惮地开起了玩笑，比如把她的鞋藏起来，后来发现她根本不在乎，光着脚也到处乱跑。相反，小韦总是一身合体的套裙，多少有点拘谨，举止文静、雅致，带着少许灵气，说话温和、简练，很叫人信服。

一天中午，小乔使用音箱听足球评论，虽然声音不大，还是打扰到了一些同事的休息。有人开始抱怨，她却彷佛没听见似的。这时小韦轻轻拍了拍她的肩：“乔姐，我的耳机给你用吧，效果比音箱要好。”小乔一边红着脸，一边把耳机插上，办公室一下子就安静下来了。

考核期过后，小韦升为美术总监。小乔依旧做设计，尽管她的方案比小韦做得要好，但是老板不想为这样一个不修边幅的人，而得罪一大批其他雇员。

职务公布后，老板单独对小乔说：“你的才气和个性都不能成为你搅扰别人心情的原因，也许你更适合一个人在家里成立工作室，但要在大公司里与人相处，特别是要成为一位合格的管理者，该修边幅还得修。”

不要以为不拘小节无伤大雅，相反，要注意从小处入手，全方位地完善自我，最终使自己登上大雅之堂。

遵守办公室“潜规则”

与白纸黑字、公众认可的规章制度不同，潜规则恰如免费的小菜，从来不会写在菜单上，需要你心明眼亮地参透，才能避免接二连三的尴尬事。

办公室中有许多不成文的规矩，一旦你违反了，就会受到惩罚。所以你一定要注意这些规矩，别给自己增加不必要的麻烦。

1. 不要过度关注别人的隐私

办公室里有很多人喜欢打探他人的隐私，这种人很无聊。许多人喜欢添油加醋地说话，从来不顾及当事者的感受，而且有的人与被谣言困扰的当事者相处时，态度上也会有些不自然，或许还会影响到两人的工作。

如果整天在办公室里搬弄别人的是非，你哪还有精力去做好工作。这还不算，同事们都会对你敬而远之，因为他们担心有一天自己也成为谣言的主角。

2. 不要对来客差别待遇

有些员工把客人区分为该亲切的和不用亲切的，而且表现得很露骨，使得周围的人也觉得奇怪而注意着这件事。假如是故意这么做，我们还可暂且不论，但是有些人则是无意中流露出这种态度的，因此必须加以注意。如果平时不注意这种情况，则对来客虽然表面上非常客气，但是常会在不经意的举动中得罪客人，而自己却浑然不知。

有些人在说话及态度上经常直接表现出自己的想法。说得好听一点，这样的人是直率而可爱的。但是作为公司的一分子来说，这种态度就不太好了。

不论知道或不知道客人的身份，只要是来公司的客人，对公司来说都是重要的，如果很明显地怠慢客人，会使客人心存不快。所以，作为管理者更应该有一个正确的观念，那就是，公司内接待客人是以公司职员的身份来应对的，并不是以个人身份来接待的。

3. 避免同事间的金钱往来

人们常常有一个毛病，借来的钱很容易忘掉，借给别人的钱，却记得牢牢的。因此，同事之间互相借钱只能徒增不满，还钱稍不及时或是一方催要得过于急迫都会影响双方的关系。

有关钱的问题，你必须注意以下几点：在办公室里，必须多带些钱在身边；尽量避免借钱给别人，借出的钱最好不要记住，借来的钱千万不要忘记；养成有计划花钱的习惯。

不要炫耀自己的得意事

也许任何人都是争强好胜的，自负正是人的本性之一。你的不恰当的炫耀往往会刺伤别人。如果你想追求成功，谦虚是必要的特质。

有些人喜欢在别人面前显示自己的优越感，炫耀自己的得意事，殊不知，别人很难因此而高看、敬佩你。多数人都不愿意听别人的得意事，因为你的得意衬托出别人的倒霉，甚至会让对方认为你在嘲笑他的无能，让他产生一种被比下去的感觉。特别是面对失意的人，你在他面前炫耀自己的得意之事，他会很恼火，甚至讨厌你。

一次，有人约了几个朋友来家里吃饭，这些朋友彼此都是熟悉的。主人把他们聚起来主要是想借着热闹的气氛，让一位目前正陷入低潮的朋友心情好一些。

这位朋友不久前因经营不善，关闭了一家公司，妻子也因为不堪生活的压力，正与他谈离婚的事，内外交迫，他实在痛苦极了。

来吃饭的朋友都知道这位朋友目前的遭遇，大家都避免去谈与事业有关的事，可是其中一位姓吴的朋友因为这一年赚了很多钱，几杯酒下肚，忍不住就开始谈他的赚钱本事，那种得意的神情，连主人看了都有些不舒服。

那位失意的朋友低头不语，脸色非常难看，一会儿上厕所，一会儿去洗脸，后来他猛喝了一杯酒，就匆匆离开了。主人送他出去，在巷口，他愤愤地说："老吴会赚钱也不必那么神气地炫耀啊！"

主人了解他的心情，因为多年前他也遇到过低潮，正风光的亲戚在他面前炫耀薪水、年终奖金。那种感受，就如同把针一根根扎在心上。

如果你不想失去朋友或客户，就要时刻注意把得意放在心里，而不是放在嘴上，更不要把它当作炫耀的资本，这样只会令你失去更多。

法国哲学家罗西法古说："如果你要得到仇人，就表现得比你的朋友优越；如果你要得到朋友，就要让你的朋友表现得比你优越。"当我们让朋友表现得比我们优越时，他们就会有一种得到肯定的感觉，但是当我们表现得比他们优越时，他们就会产生一种自卑感，甚至对我们产生敌意。

在这个世界里，那些心胸豁达的人总能赢得更多的知己，相反，那些小看别人、高看自己的人总是令人反感，最终在交往中到处碰壁。

我们必须适当地抑制自己的优越感，收敛锐气，学会谦虚，只有这样，我们才会受到别人的欢迎。

不要总在别人面前炫耀自己的成就和好运，自恃才高而目空一切的人令人讨厌，而那些因身居高位、大权在握而自傲的人更是令人讨厌。不要动不动就摆出一副“大咖”的架势；也不要因为有人羡慕你而不可一世。你越是挖空心思地想得到别人的崇拜，你就越无法得到它。

画重点

1. 在职场打拼，我们要懂得一些博弈的策略，注重各处细节，从小处着手，全方位地完善自我，这样才能在职场中受到欢迎。

2. 在职场有很多潜在的规则，我们要遵守这些规则，否则会吃大亏。

第十一章

擅长协调，是管理者必修课

对于公司的管理者而言，组织协调是一项必不可少的技能。那么如何处理好企业与员工的关系，员工与员工之间的关系，自己与上司和下属之间的关系？本章会为大家介绍一些组织协调的博弈策略，相信读完之后，你就能游刃有余地处理好这些关系。

企业中的两种博弈关系

一般来讲，企业中之中存在两种博弈关系，一种是企业与员工的博弈关系，一种是员工与员工之间的博弈关系。

我们知道，企业中存在两种博弈关系：企业与员工的博弈关系；员工与员工之间的博弈关系。

在第一种关系中，企业与员工的关系是对等的，是相互选择的博弈。即员工可以选择企业，包括员工作为投资人选择企业和员工作为就业者选择企业。也就是说，员工可以在企业之间充分流动。同时，企业也可以选择员工，包括投资人和就业者，也就是既可以辞退就业者，也可以放弃投资人。总之，企业对员工的选择，或者员工对企业的选择，都应具有流动性和动态性，而不应是固态性和僵化性的。但是从企业所需要的应有的稳定性，以及企业充满活力的要求这些角度来看，员工对企业的选择，或者企业对员工的选择，都需要有相互的稳定性，也就是说员工和企业的相互关系应该是一个强调和谐与合作的良好组合关系。

博弈是一个参与各方相互作用的过程。人才与企业都是依据自己的成本收益来决策和行动的，是以自己的利益为导向的。企业采取各种措施，以期留住对自己有用的人才，而人才却在不断追求更有利于个人价值实现的工作环境、工作状态和工作待遇。人才做出流动决策并最终发生流动的过程就是双方博弈的过程。

企业和人才之间之所以出现博弈的原因有二,一是企业和人才之间目标不一致。人才是多维需求即企业角色需求、社会角色需求和家庭角色需求综合作用的结果。而且在某一特定阶段，人的某一方面需求占据着主导地位。而企业考虑的目标则不同，它们关心的是员工给企业带来高的营业额、高的利润、高的经济回报率等。二是企业和人才的信息不对称。我们知道，现实世界除了信息不完全以外，还存在信息分布不对称的问题，即博弈双方拥有的信息量是不对等的。企业没有营造一个充分沟通、信息共享的环境，使得企业和人才之间信息交流很不流畅，在这样的情况下，企业和人才在做决策时都会依据各自的利益为导向采取各自的博弈行为。

随着知识经济的到来，企业和人才关系向着契约式和交易性方向发展。企业和人才必须充分考虑对方的利益，否则，契约就无法达成，交易不能实现。同时，企业和人才也必须对对方可能采取的行动保持高度的警觉。

建立企业和人才之间的合作性博弈，以减少人才流失的途径如下：

首先，树立企业与员工是合作伙伴关系的理念。该理念承认人才在企业中的地位，能够对人才产生持久的激励效应，从而降低其离职意愿。使人才自身利益与企业长远利益结合起来，从而提高人才对企业的忠诚度，降低人才的离职意愿；

其次，营造一个充分沟通、信息共享的环境，建立一个信息共享的电子化互动平台，使人才能够自主方便地了解到各种所需的信息和知识，一方面增加了人才的知识，另一方面加强了人才与人才之间、人才与管理者之间的交流。这种开放式沟通还可以随时了解和关注人才中存在的各种问题，有利于对人才流失的防范，使企业和人才双方的利益都达到最大。

企业中存在的第二种博弈关系是员工与员工之间的博弈关系。在这里把相对“资源不足”甚至很少的员工喻为“穷员工”，而相对拥有“资源比较多”的员工喻为“富员工”。

“富员工”和“穷员工”的泛指包括：一个成长环境一直不错的员工和还“没见过世面”的员工，或者一个在城里长大的年轻人和一个来自农村的年轻人相比，前者常以为，小事情何必那么认真干，后者是看到一丝希望，便想办法在此突破；一个高学历的员工和一个相对学历较底的员工相比，总是发现前者不愿沉下去工作，认为这不是他想要的，后者便想这就是起点；还有那些已经获得过一些成绩的资深人士和还没有经验的新手，前者获得一些成绩后就止步不前，做人做事的态度都变了，所以后者往往很快就能将其超越；能力较强的“聪明”员工和能力相对弱的“愚顿”员工，前者总是在心里想其实这个能力我是有的，后者则会努力表现，把“愚顿”这个帽子摘掉。

或许吧，“富员工”先前已经有了“成功的经验”——其实获得“成功”不用那么费力，在他们的印象中，“实干”就是一种苦力，是一种比较低廉的“付出”，就如同你让一个刚毕业的大学生老老实实地一家一家去拜访客户，他会认为你们把销售工作搞得太低廉，说：“销售又不是卖体力的。”或者你给他们一些训练，他们会认为你是在故弄玄虚，是没有必要的。他们往往会说其实这些我都懂，但是我缺乏实际体验！于是他们养成了任何事情都是镀金式的工作，这种镀金式工作方式会让他们对任何事情都停留在面上，可怕的事是他们以为已经下过水了，并亲眼看到了“冰山的一切”，可是对于“冰山”的真实面貌永远无从得知！

还或许，“富员工”已经拥有资本，他们不再为“生存”而拼搏，所以他们会好好“生存”着。有时候他们也想不通，怎么没有先前那么有力量了，想不通是什么限制了自己。可是看看身后的“靠背”，还是不自觉地靠了上去——既然有，又是自己努力得来的为什么不靠呢，而且只是休息一下。一开始他们不会“靠”得太久，可是后来他们探头看看还有好多人在“后面”，休息的时间长一点点也没什么了，于是在“温水”里心安理得。

尴尬的“夹心层”管理者

话说，做个优秀员工并不算难，只要肯付出、有能力、不断进步，具备很好的执行力，同时与同事搞好人际关系就是一个非常优秀的员工了。但是要做好管理者，尤其是中层管理者就不那么容易了，可以说非常难。

中层管理者有其位置上的难处。比如，与下属的关系，走得太近，很多制度难以执行，也会引起上司的怀疑和不满；要求太高，会被员工认为苛刻，会被孤立起来，高处不胜寒，用不了多久，也会产生负面影响，不是员工反抗厉害，就是该管理者丧失继续做下去的激情和勇气。

与上司相处也是要注意很多的问题，如果自己做主太多，难免会有越权的嫌疑，但是汇报过多，也同样免不了能力有限的定论，还要注意自己的下属、同级是否会有小人存在，全力工作的同时还要注意平时的一言一行，既不能太张扬，又不能默默无闻，做了工作还要善于汇报，否则领导也许会忘了你在辛辛苦苦地工作。与同级别的管理者也要注意言行的分寸。

中层管理者的管理价值的体现，一是实现目标，二是培养人，三是树立并弘扬价值观。众所周知，管理一半是科学，一半是艺术。以八卦阴阳图类比，黑白之间“度”的把握，不仅反映出中层管理者的个人水平，更是管理价值发挥的关键。管理的问题千头万绪，对于中层管理者而言，郭仕纳入主 IBM 时的原则性管理思路值得借鉴。

1.“实现目标”的管理原则

中层管理者的目标责任，首先是那些对公司整体目标影响最为直接、重要的目标，这些目标直接对外部客户价值产生作用；其次，才是作为“运作单元”在运营系统和内部流程中的角色和功能的发挥；最后，才是作为组织中的一名“员工”个体角色与责任的履行。

原则一：理解先于管理，多与上级交流，少与内心对话。

中层管理者工作的有效性，首先来源于对“目标”的认识。中层只有站在“高层”——企业高度、战略层面，才能认清楚本部门的目标必须是什么、必须在哪里、必须达到怎样的目标状态，才能准确把握部门的工作方向和重点，而这是实施管理行为的起点。做到这一点，一定需要与上级，或者高层领导多沟通、多交流，而不是拿着文件机械地阅读和思考——认为自己想明白了就可以了。即便是自己想得明白，也需要在与上级的沟通中获得共识、共鸣。

原则二：管理先于执行，多一分精力把握整体，少一分心思关注微观。

中层管理者对部门的整体目标负责，工作的重点，管理“目标”先于管理“工作”，界定成果先于盲目行动。因此，应多花时间与团队就部门目标的意义与内涵达成共识，就目标分解与行动计划达成共识，更应多花时间从整体目标衡量个体工作的成效，围绕成果评估业绩、制订改进计划。中层管理者不能忘记了“最终目标”和“部门责任”，否则容易陷入细节，容易热衷于获得个人成就，容易过度关注控制员工的具体行为，也容易因个别人、偶然事件做出错误的、影响全局的决策。

原则三：长短期价值并举，多一分重视组织能力，少一分得意当期成果。

中层管理者个人的发展——诸如工作回报的递增、职业能力的提升，源于个人对组织的贡献，以及能够创造未来贡献的、更能获得他人（组织）信任的可能性。因此，不仅要有能力获得当期业绩，更要有能力创造预期业绩。中层管理者必须注重如何在实现当期业绩的过程中，积累和培育可持续发展的的组织能力。这种组织能力，可能是一些有形资源，如客户、人才、技术等，也可能是诸如团队士气、组织氛围等。一个只能管理好有形业绩、达到能量化的“结果”的人，并不是真正的管理者。

2.“培养人”的管理原则

培养适应组织明天需要的人才是中层管理者“领导力”提升的非常重要的标志。培养人才，第一步要识别人才，洞悉组织“明天”的人才标准，明晰管理的方向；第二步“选对”人才，能够发现有潜质的员工，并将他作为“因材施教”的对象与部门目标相联；第三步才是培养人才，培养的重点在于“用”，在任用中观察、评估、锤炼、激励。

原则一：人才标准，应多与外部对标，少与内部对标。

中层管理者看人、选人的标准，首先，决不能是个人的标准——源于个人偏好的管理者对员工而言甚至意味着职业灾难。其次，不能局限于部门内部——不能限定在完成岗位或部门工作产生的要求范围内。完成部门或岗位工作的要求，仅仅是人才标准最基本的内容。第三，这种标准不能与企业的标准、外部市场的标准相违背，即这种人才标准必须包含着企业的特定要求，必须体现出与外部市场通行标准的一致性（比如职业素养）。

原则二：培养人才，多“用其所长”，少“急其所短”。

对于大多数管理者而言，“把人用好”是最现实、最重要，也是最有难度的工作。在绝大多数的企业里，找到完全满意的人才更多是一种期望。因此，“用人”成为重心。传统的管理经验是“关注失败”，即从“病态模型”出发，选拔人时根据他的经验、智力和决心，提出要求时规定“正确的步骤”，通过帮助其识别和克服习惯弱点以激励人，通过帮助其学习和获得提升以培养人。现在的管理理念更关注人的成功和优势。即选拔人时，重在选才干——不是仅仅看经验、智力或决心；提出要求时重在界定正确的结果——而不是正确的步骤；激励人时，重在发挥优势——而不是克服弱点；培养人时，重在帮助他寻找最适合他的位置——而不是一味“升职”。因此，应识别员工特殊的才干、赋予恰当的任务、在承担责任中历练。

3.“树立并弘扬价值观”的管理原则

组织文化与工作氛围是工作者创造价值的必要条件，树立并弘扬明确的价值观，是管理者建设文化、营造氛围最重要的任务。这种价值观，不仅指那些有利于催化智慧、创造业绩的观念与行为，更包括人性向善的道德修养和社会责任感，同时也包括指引个体追求有意义人生的理想和追求。

原则一：多说也要多做，明确标准与管理活动并重。

有句话说得好："思想决定行为、行为决定习惯、习惯决定性格、性格决定命运。"发挥思想、意识、观念这些意识形态的巨大能量，一方面需要将无形的思想"有形化"，即树立明确的价值标准，阐明价值观的内涵，并深入人心，更重要的是体现于人物（员工）、事件、活动的管理过程中，将价值标准表现在活生生的管理活动中。企业倡导的价值观、部门倡导的工作文化，需要中层管理者既要"摆事实"，也要"讲道理"，结合每一天要做的工作、已经发生的事情重复、重复、再重复。

原则二：多一点言传身教，少一点权势压人。

改变和强化员工的意识和观念，毫无疑问是管理者面临的挑战。这种挑战，不仅意味着他要将弘扬价值观视为使命，而且要实现自我管理，将学习—思考—实践、检讨—反省—磨砺作为每一天的必修课，严于律己，以身作则。要求员工以客户为中心，自己却对其他部门的要求推三阻四；要求员工提高"执行力"，自己却为没做完的工作找借口……此类言行不一的管理无异于掩耳盗铃——自我感觉良好却身陷困境。因此，培养人才，同时也包含了管理者"自我发展"的责任，实现发展必须在个人修炼与管理他人两个领域获得成果。

实际上，中层管理者的三大任务，从三个贡献领域界定了中层管理者的"管理价值"之所在，这三个方面，是三位一体而非完全相互独立的领域，坚持这些有价值的管理原则，在创造某一方面价值的同时，也在另外两方面获得了成就。

保持危机感，多看多听多走

有一句俗语，“日头正午，是最辉煌的时候，也是西下的开始。”

巴尔扎克有一句名言：一个商人不想到破产，如同一个将军永远不准备吃败仗，只能算“半个商人”，是不成功的商人。怎样才能成为“一个商人”，即成功的商人呢？巴氏名言给出的答案是：要想到破产。

答案近乎荒谬，可它是正确的。无论过去、现在还是将来，已被或将被成功与失败的商人、优秀与拙劣的企业反复验证：只有准备吃败仗的将军才是好将军，只有想过破产的商人才是成功的商人。

把“商人要想到破产”放到现代商业领域来理解，就是在经营过程中应时刻怀有一种高度的危机感，警惕“企业末日”（破产）的到来。如果从未有过这种警惕，一旦遭遇事关企业未来巨大危机的突然袭击，必然缺乏应对之策，在无准备之仗中毁掉自己和企业的未来。

现代企业管理者将谨防企业破产的思想，演变成为一种备受中外企业家推崇的企业管理理念——末日管理。其核心内容是“企业最好的时候往往是最不好的开始”，或“企业最好的时候往往是走下坡路的开始”。

韩国的三星电子公司曾经一度发展迅速，在全球市场迅速扩张，成为全球最主要的电子设备制造商之一。其前首席执行官兼副董事长尹钟龙认为：“成功是好事，是人们向往和追求的事情，但也会增加自满和最终失败的危险。”这位企业末日管理理念的成功实践者，在每月向员工发表的讲话中一再警告说：我们正处于十字路口，要么继续成为世界领先者，要么成为大失败者，某个竞争对手——可能是重振旗鼓的索尼公司，也可能是某家不出名的新公司，会很快结束三星在行业中短暂的领先地位。

在企业界，此种现象屡见不鲜，那些风光一时的企业刚步入辉煌不久，由于没有做好末日管理，有的陷入困境，有的濒临破产甚至已经破产，昙花一现，最终被市场淘汰出局。然而，优秀的企业重视并做好了此项工作，实现了企业的长盛不衰。

末日管理要求企业经营者和所有员工面对市场和竞争，都要充满危机感，要理解企业有末日、产品有末日，既不能把宏观的不景气作为自己无法振兴的理由，也不要沉醉在一度的“卓越”里。

进行末日管理可以从以下几个方面着手：

1. 成立“末日管理研究所”或“企业发展战略研究所”，专门研究如何使企业规避一些“短命企业”曾经误入的旋涡，并针对市场的变化制定科学的应对战略，牢牢把握企业的正确航向。

2. 组织专家认真收集分析国内外一批知名大企业的兴衰得失，把企业的每一天都当作末日来管理和研究。

3. 建立全球性“横向比较”信息体系，比出差距、比出危机。与国际名牌比，从中找出与世界水平的差距，争创国际名牌；与国内同行比，学习兄弟企业的长处，保持国内领先；以己之短比人之长，避免因一得之功而自矜；与市场需求相比，目光紧紧瞄准服务消费者，把握市场命脉。

4. 为最大限度地避免决策失误，保持决策行为的民主化、规范化、科学化，并使之落到实处，可以制定决策实施程序和管理操作细则，为企业的“长寿”夯实基础，积蓄后劲。

企业实行末日管理绝非消极地等待、无奈地观望，而是要发挥主观能动性，运用智慧，去开拓、去创新，努力消除“末日因素”。

实行此项管理理念的意义就在于：让企业的全体从业人员时刻怀有一种高度的危机感，自觉地为公司的前途拼搏，主动地为公司做好自己应做的事情，并以灵活的运作机制适应新形势的变化，不断增强企业抵抗风险的能力，永远地远离“末日”那一天。

末日管理的方法是根据人人皆知的现象提炼出来的，即大多数企业组织像大多数人一样，除非迫不得已，否则不会做出彻底变化的决定。然而，精明的经理不会等到危机爆发才被动地去应战，而是在危机爆发之前先动手，他们总是提早看到危机的到来，并以十分令人信服的口气向员工说明这种危机的存在，以及一旦危机爆发时后果的恐怖，使人人都担心害怕，从而使所有员工奋力为公司拼搏。

画重点

1.作为管理者，要处理好公司的多对博弈关系，这样才能实现企业和员工的共赢。

2.“夹心层”管理者可学习借鉴郭仕纳入主IBM的管理思路。

3.管理者要有危机意识，并以灵活的运作机制适应形势的变化，不断增强企业抵抗风险的能力，这样才能在博弈中处于不败之地。

第十二章

善于激励，激发员工自驱力

员工的积极性和向心力关系着企业的经济效益，也关系着企业的未来。作为一个管理者，应该从大局着眼，用种种博弈策略激励他们，从而提升他们的忠诚度，激发他们的战斗力。

让下属感受到你的温暖

高效能生活最主要的，也是唯一的因素是平衡，平衡工作做得越好，效能和创造力也就越大。

有一则寓言说：北风和南风比威力，看谁能把行人身上的大衣脱掉。北风首先来一个冷风凛冽寒冷刺骨，结果行人把大衣裹得紧紧的。南风则徐徐吹动，顿时风和日丽，行人觉得温暖，于是解开纽扣，继而脱掉大衣，南风获得了胜利。

这则寓言形象地说明了一个道理：温暖胜于严寒。得人心者得天下，企业家与员工的关系是鱼水的关系，企业家是离不开员工的，因此，一定要在企业内部搞好与员工关系，增强企业的凝聚力。

曾经的华人首富李嘉诚说："虽然老板受到的压力较大，但是做老板所赚的钱，已经多过员工很多，所以我事事总不忘提醒自己，要多为员工考虑，让他们得到应得的利益。"这也许应该是每一位创业者都应该持有的待人之道吧。

领导者在管理中运用南风法则，就是要尊重和关心下属，以下属为本，多点人情味，使下属真正感觉到领导者给予的温暖，从而去掉包袱，激发工作的积极性。

领导可以从两个方面努力：

1. 使员工感到愉快

如果公司成天暮气沉沉，各成员之间"老死不相往来"，如何能激发员工的热情呢？如果公司不能激发振奋精神，又怎么能使员工全心全意地工作呢？有人问比尔·盖茨，如果让他重新开始，他会去哪家公司上班？盖茨没有直接回答这个问题，而只是谈了使人高兴和令人感到工作有趣的重要性。为了吸引和留住那些最好的员工并激发他们的工作激情，老板们需要在工作场所营造振奋精神和令人愉快的氛围。

2. 兼顾工作和家庭

家庭是社会的细胞，稳定家庭对工作有很大促进作用。一份调查报告中说："有 90％ 的高层领导将工作带回家去做，他们呼吁要更好地注意兼顾员工们的工作和家庭，否则，企业有可能失去一些人才。"

社会竞争越来越激烈，人们生存的压力也越来越大。要赢得员工的心，就必须采取积极的方法兼顾他们的工作和家庭。

没有领导者对下属的真正关心，也就不可能出现下属对公司集体的真正忠诚。现代公司文化要求加强公司全体人员的一体化意识和共存共荣的观念，而这种公司文化的建立在很大程度上依赖领导者和公司员工的情感交流。这种情感交流所形成的牢固纽带，不是金钱财物可以比拟和替代的。

用赞美来激励员工

作为管理者，首先应该明白员工的心理，其次，学会赞美下属。做到这些，其实是很不容易的。

领导者能让员工达到巅峰状态的重点是"激励"。领导者懂不懂专业技术这不是重点，懂得如何凝聚适合的人才，如何改善缺点，如何发挥优点，如何激励别人达到巅峰状态，才是重点。赞美激励员工往往会起到事半功倍的效果。

韩国足球队前主教练希丁克激励团队的风格是，随时鼓励并称赞球员。希丁克一般不直接批评，而是以直接或间接的鼓励，来刺激球员兴奋起来。

他上任后，给教练组声明的第一个原则就是“千万不要责备球员”。意思是说，即使球员做错了，也要让球员自己说出来，这样他们才不会再犯同样的错。

选拔球员时，他也不用“那个球员不行”之类的否定话语，相反他会非常积极地寻找每个人的潜能及特长。

希丁克一直说：“我会随时称赞球员，绝不会当众指责他们。指出错误、骂一通，也只会在球队内部。那是我和球员之间的约定，也是我的原则！”

对于球员的失误，他也绝对不会当面发火，相反会通过耐心的说明使球员领悟。但如果给了一次机会，球员还没有“听话照做”，该球员的机会也许就会到此结束。

在言论上，希丁克不管是称赞某个球员，还是指出某个球员的错误，从不指名道姓，而是针对问题，就事论事，而且总是先称赞后批评，或者先批评后称赞，来激励球员。

比赛结束后，要指出球员的错误时，他开头会说：“只是要分析比赛情况，而不是为了责怪谁，所以请不要紧张！”接着他会让所有记者退出，然后一条条分析比赛内容。

希丁克不一样的心胸，为球员们的自信心和斗志奠定了坚实的基础，大大提高了球队的士气。希丁克能让所有球员在所有比赛中感觉自己是球队中最棒的球员。他随时在鼓励球员：“你刚才太棒了！”

把赞美运用到企业管理中，会起到意想不到的激励效果。林肯说过：“人人都喜欢受人称赞。”员工当然也不例外。不可否认，有很多领导人员，他们的心态就没有端正，认为员工是自己的手下，在手下面前耍威风，是天经地义的事情，要让他们来赞美下属，比登天还难。所以说，赞美下属是一门艺术。

学会赞美下属，必须掌握以下几点：

1. 发自肺腑的称赞

假装出来的赞美或不切实际的赞美都会起到反作用。

2. 赞其长，避其短

人无完人，赞美他，就要赞美他的长处。如果专拿他的短处赞美，就成了讽刺。

3. 称赞要及时

员工做出成绩后，想得到第一时间的称赞，如果因为领导工作很忙，一个星期后想起来了，表扬几句，效果等同于没有赞美。

工作成绩被肯定，是人的价值得到了最期望的肯定，当他们得到赞赏和鼓励后，会本能地焕发出更多的光和热。为什么我们不能学得慷慨一些呢？试着去寻找下属身上值得赞赏和称颂的东西，并且真诚告诉他。一开始也许不容易，但不久就会习惯的。

激励背后是信用博弈

在批评人时，我们常常听到的一句话是“对事不对人”，借以说明和保持批评的客观态度。那么在奖励人时又当如何呢？

从资本的本性出发来看，激励员工必然是对事不对人的。但是，管理者要和具体的人打交道，尤其是在激励中要具体问题具体对待，必须处理好“对人”的个案，“各个击破”。在奖励时既要对事也要对人，将两者有机地结合起来。

在实践中确实存在着叶公好龙式的经营管理者，声称要奖励员工的积极性，而一旦员工的积极性极大涌现出来时，自己却乱了手脚，有时还会产生“功高盖主”的恐惧。但这只是问题的一个方面；问题的另一个方面是叶公确实好龙，于是龙种与跳蚤都跳出来，活灵活现地要在奖励的殿堂里登堂入室，于是便演绎出一幕幕企业监管的悲喜剧，使管理者不得不认真对待其间的是是非非。

美国安然公司的财务丑闻就说明了这一点。允许企业高管持股并授以期权，作为一种制度安排并不是针对某一个“千里马”而授予的特权，安然公司也不例外。但是安然公司的高管们正是利用这种制度安排，聘请财务公司做假账，制造泡沫业绩，抬高股价，然后迅速抛出所持股票，发了一笔大财，而公司的资金链条终于出现裂痕，导致破产。

从激励的角度汲取教训，就需要认真研究安然公司高管们在股权激励中作假的个案，在聘用或考核企业高管时，就应当认真考量其个人的诚信度；而加强对企业高管诚信度的考核，又不是跟某一个高管过不去，对每一个人的考核的严格是一视同仁的。这就是对事与对人两个方面的相互过渡，管理者对员工的奖励也是一样。

管理者实施奖励时当然不愿意把事情弄得这么复杂，但现实要求管理者必须这么做。正如美国管理专家米契尔·拉伯福所说的那样，“我们宣布讲究实绩，注重实效，却往往奖励了那些会做表面文章、投机取巧的人。”为了减少这种现象，管理者在实施奖励时，必须警惕员工以人谋事，或者以事盖人的对策。

所谓员工以人谋事或者以事盖人的对策，是指当管理者奖励绩效时，职员就拼凑绩效，或者没有达到绩效时就以自己有特殊情况需要照顾为由要求享受奖励待遇；而当管理者针对某种人群的特殊性实施奖励时，员工就努力挤进这种人群，挤不进去时就以大家都在辛苦做事，也取得了一定成绩为由要求得到“公平”的奖励。面对这两种倾向，管理者要保持清醒的头脑，将奖励的对人与对事有机结合起来。这样做也是由奖励的规律决定的，既重视奖励的系统性又要保持奖励的针对性。

在奖励中将对事与对人有机结合起来，在逻辑上并非不可能，其出发点是相信每个人都可以进行激励。应当承认，一般工薪阶层是为自己而工作的，这固然增加了奖励的难度，但恰好也说明了不同类型的员工的一个重要共性：为了自己必须工作。那么，管理者只要让员工明白为企业做事就是为自己做事，每个员工都有可能得到激励。管理者要让员工看到，他们为企业付出努力，同时得到回馈，是一个双赢的结果。除了基本物质的回馈外，回馈可以是认同、成就感，也可以是收入的提高，都可以看作奖励的部分。当然，仅仅让员工了解企业的诚意并不够，还要让员工找到说服自己为企业效命的理由，这样每个人身上都存在的激励因子就有可能被激活。

在奖励中将对事与对人有机结合起来，并不是说不讲人与事的区别，奖励为企业的目标服务首先要保证企业的事业有所成，在确定了对事的原则后，在适用具体人时要有所区别。在现代企业中，企业激励的对象可以具体划分为权益层、经营层和操作层，对不同的层次实施不同的奖励。不同层次的奖励根据不同的分工和环节还可以进一步细化，对于操作层面的员工，可以具体到为每个员工设定恰当的目标，直至要考虑到为员工安排的职务与其性格相匹配。员工的个性各不相同，他们从事的工作也应当有所区别。与员工个人相匹配的工作能让员工感到满意、舒适，这本身对他们就是一种激励。

如果让一个喜欢冒险的人从事一成不变的审计工作，而让一个风险规避者去炒股票，他们可能都会对自己的工作感到不满，工作绩效自然不会好，或许管理者越激励，他们越烦躁。在符合每个员工性格特质的情况下，为员工设定一个明确的工作目标，通常会使员工创造出更高的绩效。目标会使员工产生压力，从而激励他们更加努力地工作。这样实际上也是为了防止实施奖励时员工强调自己的现实差别，对管理者提出这样那样的要求，便于对个案的处理。

明确了对每个人的个别激励方案后，还要回到注意掌握处事公正的原则上。

美国的一个心理学家分析，员工的工作动力来源于两个方面，第一是自己的付出和收入成正比，这个是最基本的，对于员工的影响是初级的；第二就是相对平衡报酬的影响，他会自己比较周围可比较人员的综合付出和收入，如果领导者有一些偏心，那么他也会感到不够公平公正，而这会使管理者前期的激励措施功效消失殆尽。

管理者通过奖励给下属创造一个公正公平的环境预期是非常重要的，可以让他们有一种安全感，感到跟着这样的领导自己不会吃亏，这样才不会费尽心计在激励中与管理者博弈。

画重点

1.激励员工也是管理者的一种博弈策略。激励手段可以激发员工动力，增强企业效益。

2.对于管理者来说，激励员工的手段有：关怀、赞美、信任等。这些手段可以让员工的责任心倍增，从而更好地为企业服务。

第十三章

人尽其才，才尽其用

人才管理是一门艺术，也是一门科学。如何实现人尽其才，才尽其用呢？管理者不妨在本章学习一些人才管理的博弈策略。这些博弈策略可以让人才发挥最大的价值，让公司的利益实现最大化。

用人不妨学学“分槽喂马”

管理者的核心任务是选贤任能，那么就不可避免地面临一个巨大的挑战，那就是如何才能让人才满意、把人才留住。

古时候，有一个老先生，养了两匹千里马，准备在适当的时候出手卖个好价钱。所谓“马不吃夜草不肥”，养马必须要勤快，要每晚起来给马喂草添膘。尽管老先生很勤快、很努力，但是他很快还是发现了问题，这么辛苦了几个月下来，两匹马没有长膘反而掉膘了。原因何在呢？有问题找专家，于是他请来了兽医。

兽医来了一看就明白了，他告诉老先生，马不好好吃东西，关键就是因为把两匹千里马养在一个马厩里，让它们在一个槽里吃东西。每次吃东西的时候，两匹马又踢又挤，你争我抢，根本不能安心吃草料。解决方案很简单，就是把马分开，为两匹千里马准备两个食槽，让它们分开吃。一试果然有效，两匹马很快就变得膘肥体壮。

卖了马之后，老先生决定养点省事的，晚上不用添草料就能上膘的，于是养了两头猪。但令他困惑的是小猪越来越挑食，而且不上膘。有问题找专家，把兽医又请来了。兽医来了一看就乐了，他跟老先生讲，哪有养猪还打隔断分开养的啊，要让猪上膘办法很简单，把两个猪圈合成一个，让两头小猪在一个槽里吃东西就可以了。道理其实很简单，两个小猪在一个槽里吃食，有了争抢，于是就会吃得更香。老先生一试，果然灵验。

把猪卖了以后，老先生想了，养马是分开好，养猪是合起来好，那到底是分好还是合好呢？答案很清楚，要看对象。独当一面的千里马需要分槽喂养，各有所专，各负其责；而正在成长中、尚未成熟的小猪却需要合槽，给它们一个竞争的平台，让它们快速成长，等成熟后可以独当一面了再分槽。这就是用人策略之一：“分槽合槽”。

能者要想才尽其用，不但要分而并之，还必须善用之。因为不同的贤能，各有其能，有的适合彼工作，有的适合此工作，把各种能力放在适合它们的土壤里才能生存成长。养可分，用必合，方能各自协调，发挥合力。

分槽喂马说的就是如何把最合适的人放到最合适的岗位上去。如果在用人时组合失当，常失整体优势；安排得宜，才成最佳配置。

另外，在实行“分槽喂马”的过程中，还要考虑一个问题：如何进行搭配，使每个人才相得益彰而不是相互妨碍。这就需要管理者对“千里马”有深刻的洞察力，最好使他们所负责的事务具有互补性。

马蝇效应，抚顺“刺头”

越是有能力的员工越不好管理，因为他们有很强烈的占有欲，或既得利益，或权势，或金钱。如果他们得不到想要的东西，他们要么会跳槽，要么会捣乱。要想让他们安心、卖力地工作，就一定要有能激励他们的东西。

没有马蝇叮咬，马慢慢腾腾，走走停停；有马蝇叮咬，马不敢怠慢，跑得飞快。马蝇效应给我们的启示是：一个人只有被“叮”着、“咬”着，他才不敢松懈，才会努力拼搏，不断进步。企业也是这样。

一天，银行家巴恩到林肯的总统办公室拜访，正巧看见参议员萨蒙·蔡思从林肯的办公室走出来。于是，巴恩对林肯说：“如果您要组阁的话，千万不要将此人选入您的内阁。”“为什么？”林肯奇怪地问，巴恩说：“因为他是个自大成性的家伙，他甚至认为他比您伟大得多。”

林肯笑了:“哦，除了他以外，您还知道有谁认为他自己比我伟大得多?”“不知道，不过，您为什么要这样问呢?”林肯说:“因为我想把他们全部选入我的内阁。”

事实证明，蔡思果然是个狂态十足、极其自大而且嫉妒心极重的家伙。他狂热地追求最高领导权，本想入主白宫，不料落败于林肯，只好退而求其次，想当国务卿，林肯却任命了西华德，无奈，只好坐第三把交椅——当了林肯政府的财政部长。

为此，蔡思一直怀恨在心，气愤不已。不过，这个家伙确实是个大能人，在财政预算与宏观调控方面很有一套。林肯一直十分器重他，并通过各种手段尽量减少与他的冲突。后来，目睹过蔡思种种形状并收集了很多资料的《纽约时报》主编亨利·雷蒙顿拜访林肯的时候，特地告诉他蔡思正在狂热地上蹿下跳，谋求总统职位。

林肯以他一贯特有的幽默对雷蒙顿说:“亨利，你不是在农村长大的吗?那你一定知道什么是马蝇了，有一次，我和我兄弟在肯塔基老家的农场里耕地，我吆马、他扶犁，偏偏那匹马很懒，老是磨洋工。但是，有一段时间它在地里跑得飞快，我们差点都跟不上它。到了地头，我才发现，有一只很大的马蝇叮在它的身上，于是我把马蝇打落在地。我的兄弟问我为什么要打掉它，我告诉他，不忍心让马被咬。我的兄弟说:‘哎呀，就是因为有那家伙，这匹马才跑得那么快。’”

然后，林肯意味深长地对雷蒙顿说:“现在正好有一只名叫‘总统欲’的马蝇叮着蔡思先生，那么，只要它能使蔡思那个部门不停地跑，我还不想打落它。”

某种程度上说，企业组织类似于马群。而那些个性鲜明、我行我素同时能力超强、充满质疑和变革精神的员工，就是企业中的“马蝇”。在一些组织中，他们被叫作“问题员工”，甚至上了“黑名单”，因为他们难以被管理。

“如果把‘马蝇’看作对组织的一种刺激，那么IBM公司确实也有很多这样的员工，因为IBM公司的核心理念之一就是‘创新’。要创新，就必须要有这样的员工来经常刺激整个组织。”IBM华东区人力资源经理姜雅玲这样说，“IBM 不会简单地将这样的员工当作问题员工。”

“马蝇也要分两种，有的马蝇会传染疾病。”姜雅玲说，“个性化员工也要分两种，应区别对待。IBM 每年都要与员工签订员工行为准则，其中包括遵纪守法、诚实、正直等。那些违反了行为准则的‘马蝇’，比如作假的员工，会通过正当程序被 IBM 辞退。”

有一个经典故事经常被管理界引用，这个故事来源于 IBM“商业魔戒三部曲”之《小沃森传》：

小沃森刚刚接手 IBM 销售副总裁。一天，一个中年人沮丧地来到他的办公室，提出辞职，因为他原来的导师柯克和小沃森是竞争对手，他确信小沃森主政后会把他挤垮。这个中年人就是曾任销售总经理的伯肯斯托克，其人才华横溢但一度受挫。

没有想到，小沃森对他笑着说：“如果你有才华，就可以在我的领导下展现出来，在任何人的领导下，而不光是柯克！现在，如果你认为我不够公平，你可以辞职。但如果不是，你就应该留下来，因为这里有很多机会。”伯肯斯托克留下来了，并在后来为 IBM 立下了卓著功勋。

小沃森说：“在柯克死后，留下他是我最正确的做法。”事实上，小沃森不仅挽留了伯肯斯托克，他还提拔了一批他并不喜欢但有真才实学的人。

这个故事体现的精髓，后来构成了 IBM 企业文化的一个重要营养来源。“吸引、激励、留住行业中最好的人才”如今已成为 IBM 人力资源工作的宗旨。而从另外一个角度来说，伯肯斯托克是 IBM 历史上一只很大、很厉害的“马蝇”。

人的工作是最难做的。很多时候公司无法取得更大的发展，甚至分崩离析，其根源就在于没有做好人的工作。

作为一个管理者，最大的成就就在于构建并统率一支由各种不同的专业知识及特殊技能的成员组成的、具有强大战斗力与高度协作精神的团队，不断挑战更高的工作目标，不断创造更大的绩效。为此，可能需要超越旁人的勤奋，需要更多的知识，需要更强的资源支持。

更重要的是，还需要像林肯一样，善于运用自己的智慧，利用“马蝇效应”，把一些很难管理但十分重要和关键的员工团结在一起，充分发挥他们的作用，不断为公司创造更大的绩效。

人的干劲和潜能是无限的，只要环境条件适宜，属下的才能自然生根发芽、开花结果，取得更大的成绩。要使管理工作进入“自动化”快车道，只有一个办法——“领”与“导”，这将完全取决于领导如何将属下渴望成功的动机诱导出来。

运用人性弱点，满足对方欲望

俗话说，“牛，必须穿着鼻子；马，必须勒着口头。”你如果能把握住他人的弱点，则一切自能称心如意。当然，你可以利用对方特有的弱点来控制他，他也会利用你特有的弱点来控制你。

自汉二年（公元前205年）五月开始，楚、汉在荥阳一带展开拉锯战，谁也没有占到多大优势。于是双方约定，以鸿沟为界，中分天下，其西归汉，其东归楚。

汉四年九月，项羽解围东撤，刘邦也要引兵西归。张良充分认识到此时的项羽因刚愎自用，到了众叛亲离、捉襟见肘的地步。于是，张良、陈平二人同谏刘邦，希望他趁机灭楚，免得养虎为患。刘邦从谏，亲统大军追击项羽，另遣人约韩信、彭越合围楚军。

汉五年十月，汉军追至固陵，却不见韩信、彭越二人前来驰援。项羽回击汉军，刘邦又复败北。刘邦躲在山洞中，不胜焦躁，询问张良道：“诸侯不来践约，那将怎么办？”张良是一位工于心计的谋略家，他时刻关注着几个影响时局的重要角色的一举一动，并筹划着应对之策。

当时，韩信、彭越实际上没有一点实权。因此，张良回答刘邦道：“楚兵即将败亡，韩信、彭越虽然受封为王，却未确定疆界，二人不来赴援，原因就在于此。您若能与之共分天下，当可立招二将。若不能，成败之事尚无法预料。我请您将陈地到东海的土地尽划归给韩信，睢阳以北到谷城的土地尽划归给彭越，让他们各自为战，楚军将会很容易被攻破。”刘邦一心要解燃眉之急，听从了张良的劝谏，不久，韩信、彭越果然率兵来援。十二月，各路兵马会集垓下，韩信设下十面埋伏大阵，与楚决战。项羽兵败，逃至乌江自刎。长达四年之久的楚汉战争，以刘邦的胜利而告终。

在处理韩信、彭越索要实惠这件事情上，张良做得十分周到，也充分利用了人性的弱点——好名、好利。划归一些封地给他们，就满足了他们的心愿，使他们各自为战，尽力而战。

人没有不自私的，与其让他为你办事，不如让他为自己办事。后者比前者的成功率要高得多。

周文王在渭水北岸见到了用直钩钓鱼的姜太公，太公说，用人的道理和钓鱼有点相似之处：一是禄等以权，即用厚禄聘人与用诱饵钓鱼一样；二是死等以权，即用重赏收买死士与用香饵钓鱼一样；三是官等以权，即用不同的官职封赏不同的人才，就像用不同的钓饵钓取不同的鱼一样。姜太公接着说：“钓丝细微，饵食可见时，小鱼就会来吃；钓丝适中，饵食味香时，中鱼就会来吃；钓丝粗长，饵食丰富时，大鱼就会来吃。鱼贪吃饵食，就会被钓丝牵住；人食君禄，就会服从君主。所以，用饵钓鱼时，鱼就被捕杀；用爵禄收罗人时，人就会尽力办事。”

一个人有特殊的欲望，这个特殊的欲望，就是他特有的弱点，你抓住了他的弱点，并满足了他的欲望，他就乐于效力。下面将大多数员工的共同欲望总结出来，领导者对此要谙熟于心。

1. 干同样的活儿，拿同样的钱

大多数员工都希望他们做同样的工作得同样的报酬。员工不满的是别人干同类或同样的工作，却拿更多的钱。他们希望自己的收入符合正常的水平。偏离准则是最令人恼火的，很可能引起员工的不满。

2. 被看成是一个“人物”

员工希望自己在伙伴的眼里显得很重要。他们希望自己的出色工作能得到承认。鼓励几句、拍拍肩膀或增加工资都有助于满足这种需要。

3. 步步高升的机会

多数员工都希望在工作中有晋升的机会。向前发展是至关重要的。没有前途的工作会使员工不满，最终可能导致辞职。

4. 在舒适的地方从事有趣的工作

许多员工把这一点排在许多要素的前列。员工大都希望有一个安全、清洁和舒适的工作环境。但是，如果员工对工作不感兴趣，那么舒适的工作场所就无济于事了。

5. 被你的“大家庭”接受

员工谋求社会的承认和同事的认可。如果得不到这些，他们的士气就可能低落，使工作受到损害。员工不仅需要感到自己归属于员工群体，而且需要感到自己归属于公司这个整体，是公司整体的一部分。

不同的员工对这些需要和愿望的侧重有所不同。作为领导者，应该认识到员工的不同需要。对这一位员工来说，晋升的机会或许最为重要，而对另一位来说，被接受可能最为重要。

我们要承认这样一个大前提，即无论谁都是有弱点的，而且有其特有的弱点。领导的艺术，就是制服这些弱点的技术。

画重点

1. 掌握人才管理的博弈策略，是每个管理者的必修课。人才管理的种种手段可以让企业的员工最大程度发挥自己的价值。

2. 人才管理的博弈策略包括：“分槽喂马”，使每个人才相得益彰而不是相互妨碍；利用马蝇效应，抚顺“刺头”；运用人性弱点，满足对方欲望等。

第十四章

升职加薪，职场生涯少走弯路

升职加薪是每个职场人都非常向往的事情，但升职加薪要讲究方法。事实上，要想在单位稳稳当当地不断上升，扎扎实实地超越对手走到上层，最重要的升职加薪秘诀就是博弈。

让老板记住你、了解你

老板也是人，也需要在业余时间轻松一下，那些见到老板就像老鼠见到猫、总想绕道走的人，只会与机遇擦肩而过。

在现代办公室里，许多非常优秀的员工并没有得到老板的赏识，其主要原因是与老板过度疏远，没有找到合适的机会向老板表现和推销自己，没有把自己的能力和才华介绍给自己的老板。

有些人到一家公司上班几年了，老板对这些人都没有很深的印象，这就在于他们对老板生疏及有恐惧感。他们见了老板噤若寒蝉，一举一动要么不自然，要么遇上老板就躲开，或者装作没有看到，这样消极地与老板相处，尤其在大公司里，老板又怎么可能留意到他们呢？

要想在办公室得到老板的赏识，就需要平日多与老板接触和沟通，懂得主动争取每一个机会。事实证明，很多与老板匆匆一遇的场合，可能决定你的未来。

比如，在电梯间、走廊上，吃工作餐时，遇见你的老板，你要主动迎上去并微笑着谈几句，或者说几句工作上的事。千万不要像其他同事那样，极力避免让老板看见，即使与老板擦肩而过也一言不发。

如果你自信地主动与老板打招呼，主动与老板交谈，你大方、自信的形象，会在老板心中留下印象。

有一个员工，工作非常出色，老实正直，只知道埋头苦干，缺乏与老板的沟通，因此他根本不在老板的视线之内。有一次，公司举行联欢会，老板的兴致很好，很快加入到了他们中间，他见到老板，一举一动就不自然起来，没过多久就逃出老板的视线，独自坐在一个角落里喝饮料。

不知为什么，他好像天生就有畏惧老板的毛病。在走廊上、电梯间或在餐厅里，遇到老板，他都不主动打招呼，反而迅速离去。即使自己的主管不在，老板找上门来，他也缩在一旁，一概扮作不知，马虎应付了事。

这样一来，他和老板的距离越来越远，甚至产生了隔膜，他给老板的印象就是怕事和不主动。老板怎么会把升职的机会给一个不敢和自己说话、交往的人呢?

不主动与老板交往，是一种对自己的前程和发展不负责的态度，一个不在老板视线范围内的员工，根本就没有担当重任的机会，又何谈成功呢?

人与人之间的好感是通过实际接触和语言沟通才能建立起来的。一个员工只有主动与老板面对面地接触，让自己真实地展现在老板面前，才能让老板充分认识到他的才能，才会有被赏识的机会。

李强和另外七八个年轻人一同被一家正向集团化迈进、急需大批新生骨干力量的公司聘用。为了表示对这批“新鲜血液”的厚望和鼓励，老板决定单独宴请他们。

酒店离公司不远，新人们三三两两结伴而行，唯独将老板抛在了一边。李强看在眼里，不禁替老板尴尬。

进入酒店落座之前，李强借故先去了趟洗手间。回来一看，果然不出他所料，同事们或正襟危坐、谨口慎言，或低头相互私语窃笑，不仅没人上前跟老板搭话，更将其左右两边的座位空了出来。

看见老板强挤出笑容的样子，李强赶紧说：“我建议咱们都往一起凑凑吧！”说完，便很自然地坐在了老板左边的座位上，并对老板投来的赞许目光报以会心一笑。

李强的做法周全大方，相信就连再尖酸的人也没道理指责他在“拍马屁”。本来这次老板就是想和新员工亲近一下，说不定还想借此发掘人才呢！可多数腼腆木讷的年轻人辜负了老板的美意，把他晾在一边，他能高兴吗?

其余的人可能也想在老板面前好好表现，但碍于脸面，怕别人说是

“马屁精”，所以退缩了。一个不能主动为自己争取机会的人，如果被提升，将来管理公司、面对客户或参加为公司争取利益的谈判时怎么能有魄力和手段呢？如果换成你是老板，你会提拔这样的人吗？

那次晚宴，李强给老板留下了非常好的印象，但毕竟只是一次饭局，何况李强初进公司，还只是一只“菜鸟”，他实在没有更多的机会接触老板。俗话说：做事不看东，累死也无功。要是没有老板的赞赏和支持，就算拼死拼命地干，要想超越上面层层“屏障”，也实在是太难、太慢。

李强是个肯干会干的人，他知道只有自己制造机会才能接近老板。经过努力，李强不止一次在电梯里与老板“不期而遇”。

有备而来的李强没有像其他人一样硬着头皮和老板没话找话，而是笑吟吟地和老板打着招呼。要是老板问他最近工作如何，他自然是有条不紊、对答如流，但大多时候老板都会和他聊一些轻松休闲的话题，李强总是表现得很健谈，而且了解了老板的好多个人爱好，更以此加深了老板对他的印象。

聪明的老板愿意给员工留下一个和蔼可亲的印象，他也希望员工对他亲近围捧。可许多人见到老板都唯恐避之不及，殊不知老板面对一个拘谨无措、憋得脸红脖子粗的人，也会觉得很尴尬！

所以，你根本不用害怕没话说，因为在这种场合下，老板为了打消你的顾虑是会和你主动闲话家常的，你只要把这当作一次亲近老板的机会，别战战兢兢的就行了。

怎样说服老板给你加薪

在老板最担心人才流失的时候，向他提出加薪，不失为一招。但专家提醒，要说服老板，你不仅需要底气十足，还要掌握一定技巧。

说服老板给你加薪确实不是一件易事，万一操纵不好，就有可能破坏自己在老板心中的良好形象，影响日后的工作。因此，在开口向老板要求加薪时，最好先制定一个谈话要点，然后有理有据展开。

只有当老板意识到给你加薪有百利而无一害，甚至还能憧憬到不久就能收获到滚滚财源时，你的目的才能达到。一般来讲，提出加薪的策略时有以下几个方面需要把握：

索求有度。人力资源专家在研究中发现，人们提出的高薪请求在许多时候都会跟实际可达到的高薪程度有很大差距。因此，在提出加薪要求前，一定要先研究同行业相关职位薪酬的大体数目，再大胆索求，这样成功的概率会更大些。

说话语调适中。你肯定希望老板能心平气和地听取你要加薪的理由，那么反过来，当他陈述他的理由时，你也要心平气和地倾听，然后再寻找突破口，协调一致。切记不要一时心急，就采用下最后通牒、恐吓或别的强迫方式令对方就范，这样只会适得其反。

明确目的所在。也许加薪并不是唯一解决问题的办法？是否其他方式也一样能让你达到目标？其实，能让你达到目标的方法还有很多，如分红、股票期权、奖金、晋升、年假、灵活的工作时间等。没准这些其他的选择会让你觉得比加薪来得更实惠。

找到老板兴趣之所在。你有你的要求和目标，你的老板也有自己的要求和关注点。那么，在跟他交谈时，何不投其所好，大谈特谈？说不定能达到目的，意外收获还不小呢。

向同行看齐。如果老板认为你的加薪要求并非信口诌来，他也许能更容易接受些。多收集一些相关数据来说服他，比如说其他类似公司同职位人员所拿薪水的大致数额。

想好退路。万一你的请求老板不同意，怎么办？为此，你得事先想好对策，选择好退路。是去是留，怎么去，怎么留，一定要考虑仔细。

准备充分。精心做好谈判准备，这是你唯一能够控制的。这一点非常关键。准备要做得充分，需要花费一番时间和精力。

总结经验适时再战。谈判的经验每次都要总结，才能达到质的飞跃。因此，在谈判结束之后，不论是成是败，都要认认真真做好总结，列出闪光点，也找出不足之处，学会从失败中找到成功的亮点。

平时多烧香，才有贵人帮

广结善缘，于人于己都有好处。如果你人际关系好，在工作竞争中会明显占优势，别人不仅会支持你的工作，还会处处为你着想，处处维护你的利益，这无疑是你成就事业的可贵基础。

广结善缘是成功的基础和保证。也许有人会以为，好心不一定有好报。的确，如果你只是偶尔行善一下，真的不一定会有好报。但如果你是常常行善的人，获得好报的机会就很多了。道理其实很简单，不论好心获得好报的概率是多少，60% 也好，40% 也罢，总之，你越好心，帮助别人的次数越多，获得好报的次数也一定会越多，所以广结善缘是错不了的。

美国《财富》杂志对美国 500 位年薪 50 万美元以上的企业高级管理人员和 300 名政界人士进行了调查，结果表明：93.7% 的人认为人际关系畅通是事业成功的最关键因素。

在中国，历来就有重视人际关系的传统，特别强调人与人之间要和睦相处、共享利益。据一份调查报告显示，在中国每 100 位头脑出众、业务过硬的人士中，就有 67 位因人际关系不畅而在事业中严重受挫，难以获得成功。

上面的两份调查，证明了这样一个结论：人际关系的成功与否在很大程度上决定着事业成功与否。

"30 岁以前靠专业赚钱，30 岁以后靠人脉赚钱"，这话不无道理。在一个关于哪类因素对职业生涯影响最大的调查中，"个人能力"被大家公认为第一要素；有 30.77% 的受访者认为机遇起着决定性的作用。人脉关系的因素被排在了第三位，有 17.35% 的受访者感受到了人脉的重要性。其实这三种因素并不矛盾，往往具有累积加倍的效果。如果你有能力，而且在能力之外还有良好的人际关系、人脉优势，那么结果往往是一分耕耘、数倍收获。

几乎所有成功的人都有一个共通的特质，就是其人际关系处理得非常成功。这包括与上司、下属的默契，与平级同事之间的和谐。现代职场中，除了专业知识技能之外，个人绩效的好坏，与他在群体中的人缘，关系非同一般。若是能做到每个人对他的印象都是正面的、肯定的，自然而然，这个人在职场上就成为高手了。

好人缘有利于建立完善的人际关系网。在很多时候，你的朋友的推荐和说服，往往比你去“王婆卖瓜，自卖自夸”要有说服力得多。

香港华达国际投资集团董事局主席李晓华的经商秘诀之一，是建立良好的人际关系。国际上很多风云人物都与李晓华有私交。澳大利亚前总理霍克先生是国际上著名的政治家和学者。李晓华聘请霍克先生为自己的经济顾问，霍克为他提供了许多独到的见解，还帮他筹划远景。聘请外国前政府首脑为中国私营企业家服务，这在中国是史无前例的。这些海外关系也为李晓华开拓国际市场提供了一张特殊的“通行证”。

美国心理学家在贝尔实验室做过一项研究，结果说明了良好的人际关系对于一个人事业成功和生活舒畅的重要性。

该实验室里的人员都是学术能力很强、智商很高的工程师和科学家，但他们之中有的人出类拔萃，有的人却碌碌无为。原因就在于那些有突出成就的人人际关系良好、交游广阔，拥有稳定的交际网，他们遇到困难时可以随时寻求他人的帮助，并且很快就有结果，因为他们平时就建立了可靠的关系网。而那些表现平庸的人，由于没有较好的人际关系，碰到困难时就一筹莫展，虽然也会寻求他人的帮助，但效果不大。良好的人际关系对一个人的成功来说，其好处是不言而喻的——不仅带来工作上的成功与顺利，还带来安宁、愉快、轻松、友好的心境。

有人说：“看一个人的人际关系，就知道他是怎样的人，以及将会有何作为。大多数人的成功，都源于良好的人际关系。”

俗话说：一个篱笆三个桩，一个好汉三个帮。有了丰富的人际关系网络，才能网罗到更多的机会。作为一个职场人，如果能在工作中交一些朋友，是幸运的。从个人职业发展角度看，职场中的朋友之间可以相互交流工作经验、互相学习、互相鼓励，同时，在生活中可以互相帮助。总之，保持良好健康的朋友关系，对工作和生活都是有益的。

平时多烧香，才有贵人帮。身在职场的人，在上升的每一个阶段都会有贵人相助，只不过自己没有觉察而已，师长、上司、前辈、朋友轻轻一点拨，你的命运就发生了改变。

你的贵人就在你的关系网中。在这个关系网中，有各式各样的朋友，他们能够从不同的角度为你提供不同的帮助，许多机遇就是在与朋友交往中出现的。

某单位新来一位主要领导，需要配备秘书，在许多人跃跃欲试的情况下，小蔡被选中了。原因就在于这位领导委托自己的一个下级王某为自己物色秘书，而王某和小蔡是同学和好朋友，他们都是某大学中文系2004届毕业生。王某自然清楚小蔡肯定胜任秘书职位，于是就推荐了他。

结果，领导本人满意，组织考察合格。正在为前程奔波的小蔡更是欣喜若狂，因为他找到了适合自己的位置，这是他的心愿，也是他成功的一个里程碑。

当然，机遇不会光顾没有准备的人。要想贵人能够出贵言和贵力，至少得让贵人发现你，认为你值得帮助，是可塑之才，而非朽木。

成败得失在于主动上位

主动是一种特别的行动气质，也就是说自己知道做有价值的事，不用别人去催。职场上的主动者，往往得以进入各行各业的高收入者阶层。主动和被动虽然只有一字之差，但是它们对工作的意义完全不同。

或许现在的你只是公司里的一个小领导，或许你的事业正停滞不前却无计可施，那就尝试体会以下一些方法，定能有所受用。

兵来将挡，水来土掩。永远要有这样的心理准备：如果上司突然交给你一个任务，并要你在短时间内完成，你必须有兵来将挡、水来土掩的能耐与决心，千万不可表现出不知所措的恐慌状。一般公司老板在提拔人才时，吃苦耐劳的员工是最获青睐的。

把上司永远放在第一位。当上司派一项新任务给你时，最好立刻放下手边的差事，以他的指令为优先。比如说，当你正跟别人通电话时，上司刚好要找你，你应该当机立断终止通话。假如通话的对方是公司的重要客户，你不妨以字条或唇语知会上司。总之，尊重上司是属下与上司关系中极为重要的一环。

以上司的事业为己任。在职场上（尤其是在私营和合资公司），能否成功上位，你的上司往往是重要的决定因素。要知道，上司的事情就是你的事情，你的上司发展顺利，你也跟着发展顺利；如果他失败，你的前途同样一片黯淡。所以说，帮上司，就是帮你自己。

保持大方得体的仪态。在这个物竞天择的时代，想有一番作为，可得掌握一项基本原则——看场合穿衣服。此外，打扮合宜、修饰整洁并具备良好的卫生习惯也同样重要，例如简单有型的头发、适时修剪指甲、避免浓妆艳抹等，都是不可忽视的原则。

遇到问题要临危不乱。惊惶失措是职场中最忌讳的，记着，沉着镇静、处变不惊的人，方能成为职场的最终胜利者。老板都欣赏临危不乱的角色，因为唯有这类员工才有能力乘风破浪，独挑大梁。如果你有天塌下来都不怕的信心，那么出人头地必然指日可待。

洞察先机，未雨绸缪。千万不要以为所有计划都能顺顺利利，事先想好后备方案是发生意外的唯一解决办法。比如你的上司准备出差，而你必须替他设想可能遗漏的东西以及可能出现的突发状况，“不怕一万，只怕万一”就是这个道理。如此一来，他不但会衷心感激你，还会对你未雨绸缪的能力留下深刻的印象。

合理分配，事半功倍。想要迅速获得上司的赏识，最好的方式是尽可能提高工作效率。尤其当你面对堆积如山的工作时，先不要慌慌张张、如临大敌。只要事先规划好时间分配，并设定事情的优先顺序，就能轻而易举地一一处理。

参与决策，当机立断。想出人头地吗？先改掉你优柔寡断的毛病再说。当你有机会参与公司决策的时候，千万要记得：当机立断、刚毅果决这八字诀。优柔寡断与婆婆妈妈是决策的致命伤。

经常“充电”，蓄势待发。现在年轻人普遍没有阅读报纸、杂志吸取新知的习惯。如果你也这样，那就要改变你的“充电”方式，常常阅读报纸杂志，掌握时代脉向与国际形势，这是跻身高级管理阶层行列的必要条件。

想要收获，就必须付出代价。如果你的上司要你负责额外的工作，你应该感到高兴与骄傲，因为这表示他看重你、信任你，且极有可能是他在有意识地考验你承受压力与肩负重责的能耐。不过，对额外的工作来者不拒者，还是要先权衡一下分内事务与分外事务的界线，如果你觉得实在负荷不了，过度的工作已经明显造成你身体或心理上的不适，而你又不便推却上司交付的任务，不妨试着和上司沟通，妥善安排工作的优先顺序。

出现错误，勇于承担。如果你在工作中犯了比较严重的错误，怎么办？与其逃避责任，不如试着冷静下来，评估事态的严重性，并研究可行的补救措施，然后视情况向上级反映，万万不可在情况未明朗之时告诉上司，而又不知如何解决；更不可装作什么都没发生，企图遮掩过失。

笑脸迎人是不二法门。没有人喜欢和一个整天愁眉苦脸的家伙在一起，原因很简单，因为这种人通常只把悲伤带给别人，而那正是大家最不想要的。俗话说：伸手不打笑脸人。如果你想获得同事的喜爱，尽量保持微笑。

训练表达能力。懂得如何适时在公众场合发表意见，将令你的事业如虎添翼。因为，通常上司都相当重视员工的表达技巧。除了吃苦耐劳能做事之外，训练你的表达能力，必能在关键时刻产生效用。

以下提供几个有效表达意见的小秘诀：

开会时，尽量选择靠近会议桌中间的位子，千万别孤零零地坐在别人看不到的边缘地带。

试着在会议一开始就抢先发表意见，先发制人，这样在场听众才会对你印象深刻。切勿等到会议接近尾声时才说话，那时候大家都累了，根本没有人会注意你或你的发言。

不要坐在一边被动等待，一逮着机会就发言。发言时，讲话速度应不疾不徐，尽量陈述重点。只要你言之有物，别人绝对不会忽略。

发言时，切记把握重点，不要说些不相干的琐事。尽量避免使用模棱两可或立场薄弱的措辞，例如“我希望”“我觉得”或是“这样可能不太对，可是……”等。

♝ 画重点

1. 要有一颗追求完美的心，不要让自己有“差不多”的心态，应付了事。不能放过任何一个疑点，要做就要把事情做到极致。

2. 当一项工作大家都不愿意干或者干不好的时候，这正是证明自己、让自己脱颖而出的机会。

3. 合适的方法比盲目地努力重要。任何工作一旦复杂就难做好，如果使用对的工具和方法，就能将杂乱变有序、由难而易、事半功倍。

第十五章

人际交往，博弈就要懂人情世故

世事洞明皆学问，人情练达即文章。博弈一定要懂人情世故！如果不懂人情世故，一个人还出来打拼什么呢？从一开始就注定了没有成功的可能，这样折腾下去也只是白白浪费精力。而一个对人情世故运用纯熟的人，哪怕刚开始能力差一些，未来还是大有希望的，因为只要他掌握了这一独门绝技，就迟早能够迎来命运的转机。

利益是人际永恒的主题

奥佛斯屈教授在他那本启发性的《影响人类的行为》一书中写道："行动出自我们基本上的渴望……而我所能给予想劝导他人的人——不论是在商业界、家庭中、学校里、政治上——最好的一个忠告是：首先，激起对方的急切欲望。能够做到这点的人，就能掌握世界；不能的人，将孤独一生。"

卡耐基每年夏天都到缅因州钓鱼。他个人非常喜欢草莓和乳脂做饵料，但他知道，鱼儿较喜欢小虫。因此，每次去钓鱼，他不想自己所要的，想的是鱼儿所要的。卡耐基的钓钩上不装草莓和乳脂，从来都只挂着一只小虫，似乎在说："鱼儿啊，你不想吃这只美味的小虫吗？"

卡耐基无疑是擅长洞悉他人心理的专家。他知道如何利用心理学中的"喜好效应"，如何投"鱼"所好，从而获得自己想要的结果——鱼上钩。其实何止是钓鱼，任何人无论做任何事，要想取得成就，首先要获得相关人士的好感和信任，再顺理成章地对他人施加自己的影响。因此如果我们想要获得某种结果，为什么不同样地使用这种常识呢？

你只有不断给予别人想要的，这样别人才会一如既往地拥护你。因此，唯一能影响别人的方法，是谈论他所要的，并教他怎样去得到。

在纽约一家银行工作的芭贝拉·安德生，为了儿子的健康考虑，打算搬去亚利桑那州凤凰市。受卡耐基钓鱼论的启发，她写了下面的一封信给凤凰市的十二家银行：

"敬启者：

本人在银行工作已有十年经验，应为快速成长的贵银行感兴趣。

本人曾在纽约 ×× 银行各部门工作，现已升为分部经理，熟悉银行各部门业务，包括与存户之关系、信用、贷款及行政。

本人将在五月迁居凤凰市，深信能有助于贵银行的成长与获利。本人将在四月三日前后一星期到达凤凰市，如能蒙赐机会，使本人显示如何有助于贵银行达到目标，则感激不尽。”

这封信发出后，十二家银行中有十一家来信请她去面谈。为什么会有这样好的效果呢？安德生没有说她要什么，而只在信中说她可以在哪些方面帮助他们，是看重他们的需要，而不是她自己的需要。

贪婪是人性的弱点，因此不自私而存心帮助别人的人，就会有很大的收获，因为他没有什么竞争者。一个能从别人的观点来看事情，能了解别人心灵活动的人，永远不必为自己的前途担心。

成功者总是最擅长知道他人的喜好和需要，并巧妙利用这种喜好和需要来达到自己的目的。但有时他人可能会没有某种喜好和需要，这时应该怎么办呢？我们来看看下面这个推销员是怎样做的。

麦克·魏登是壳牌石油公司的一个推销员。他的从业时间虽然不长，可是非常富有野心，一心想成为他所属区域里业绩第一的推销员，因此他不辞辛劳地在各个加油站之间奔波。事实上，在他的努力下，他的业绩很可观，但是有一个加油站使他的努力受到了影响，这个加油站由一位老人担任经理。由于这位老人有些不太良好的习惯，因此加油站看起来比其他加油站脏乱。麦克用了许多方法，仍然无法使这位老人改善加油站的脏乱面貌，这直接导致了该加油站的汽油销售量持续下降。在多次劝导和诚恳地谈话都没有效果之后，麦克决定邀请这位经理去看看他地区内最新的一处壳牌加油站。

这位经理对新加油站的设施印象深刻，当麦克下一次去看他的时候，他的加油站已变得干净，而且销售量已经增加，从而使麦克达到了成为区域内业绩第一的目标。他过去的谈话和讨论都没有收到效果，但是他引起了那位经理内心迫切渴望的需要，以及邀请那位经理去参观了现代加油站之后，他达到了他的目标，这样那位经理和麦克都得到了好处。

这里，有必要再重复一遍奥佛斯屈教授那充满智慧的忠告：“首先，激起对方的急切欲望。能够做到这点的人，就能掌握世界；不能的人，将孤独一生。”

若不背叛，就被淘汰

我从不间断读新科技、新知识的书籍，不至因为不了解新讯息而和时代潮流脱节。——李嘉诚

人们在面临现在多变的市场的时候，如果不跟随市场潮流，还相信所谓的行业默契，就会被市场淘汰。因此，只有根据市场变化，打破行业默契，做出顺应潮流策略的人才能生存下来。

明代宋濂《宋文宪公全集》中记载了这样一个故事：

玉戴生和三乌丛臣是朋友，玉戴生对三乌丛臣说：“我们应该勉励自己，有一天站在权势人的门前，也不迈进去！”

三乌丛臣很同意，就说“起个誓！”

玉戴生宰羊蘸血，拉着三乌丛臣跪下，对天发誓：“同心同德，不追求利禄，不受高官引诱，不依附奸佞，不改变自己的品行；如果违背，神明定杀无赦！”

后来，两人去晋国做官。出发前，玉戴生再三叮嘱，三乌丛臣发誓：“誓词还在我耳边回响，我怎么会忘记呢？”

晋国由赵盾把持朝政，许多人都投奔他。三乌丛臣想拜见他，又怕玉戴生知道。想来想去，还是去找赵盾。这天，三乌丛臣半夜起身，鸡叫头遍，来到赵府门前，希望没有人看见。刚刚迈脚入门的时候，他发现有人在屋檐下正襟危坐。由于天色很黑，没有看清楚是谁。三乌丛臣觉得奇怪，还有人能够比他来得早？他举起火把一照，原来是玉戴生。

人们对某种权力表现得忠诚服从，实际上并非兴趣使然，而是人们

对服从一种选项的纳什均衡。因为在人们的预期中，往往先假定别人绝对会服从，这样为了自己的利益最大化，也只能选择服从。

在面对有权势的上司时，选择有以下几个：选择 A，不巴结，落选；选择 B，巴结，落选；选择 C，巴结，升官。在这些选择里面，如果选择巴结上司会有升官的机会，而其他人也会面对同样的局面。假定两个人竞争一个职位，对于玉戴生来说，只要他选择了巴结，而如果三乌丛臣选择不巴结，职位自然属于玉戴生；即使三乌丛臣也选择巴结，就需要一个附加的条件——他巴结得比玉戴生更到位，这样才能得到仅有的一个职位。

所以，在这一博弈过程中，无论三乌丛臣做出什么选择，玉戴生只要自己拼命巴结，就会有机会升官，这是遵循我们上面所说的原则的。

在这个过程中，利害计算在每一个参与者那里都是超越一切价值与信念的。我们仅就上面故事中两个人的关系来看，可以看出故事中包含的"囚徒定律"基本精神——背叛。无论对方做出什么样的策略选择，背叛对方，都能够让自己获得收益，那么必然要选择背叛这条路。

解除人际困境的方法

没有任何一个有钱人，可伟大到不需要朋友。——法国谚语

人际关系是指社会人群中因交往而构成的相互联系的社会关系，属于社会学的范畴。中文常指人与人交往关系的总称，也被称为"人际交往"，包括亲属关系、朋友关系、学友（同学）关系、师生关系、雇佣关系、战友关系、同事及领导与被领导关系等。

人是社会动物，每个个体都有其独特的思想、背景、态度、个性、行为模式及价值观，然而人际关系对每个人的情绪、生活、工作有很大

的影响，甚至对组织气氛、组织沟通、组织运作、组织效率及个人与组织之关系均有极大的影响。那么我们应该怎样来处理人际关系呢？

在现实中，契约是处理人际困境的最好方法。契约可以分为三种：法律契约，道德契约，感情契约。

法律契约是大家经常能见到的，个人或者公司之间订立的各种合同、转让文书、借据、发票，甚至遗嘱等所表述的受到法律认同和保护的这种人和人之间的关系，都属于法律契约。

道德契约，通过道德来约束的种种关系。例如某个人不尊敬长辈，众人会谴责他，众人和某人之间发生的关系就是道德契约。又如某个人经常扶老奶奶过马路，大家送他“好青年”称号，这也是一种道德契约。道德契约通常没有具体的载体，看不见摸不着，但是道德契约是社会中的所有人共同参与的一个无处不在契约，其约束力也没有法律契约那么强烈，也不一定必然发生。道德契约是一个弱的契约关系。

感情契约，各位肯定想到了，就是感情的因素发生的种种关系。情人之间的爱情契约，兄弟之间的手足契约，朋友之间的友情契约，同学之间的同窗契约，和敌人之间的仇恨契约等。感情契约比较难以掌握，捉摸不定。父母和孩子之间的感情应该是很强烈的吧，可是也有人和父母难以沟通，感情只剩下道义上的赡养。更难以捉摸的是情人之间的感情契约，随着感情的变化，若有若无，时而加强，时而失去约束力。情人契约通常会约束对方忠贞和专一，而随着感情的变迁，这种情人契约渐渐也会失去约束力。

契约的作用就是规定约束对方的行为，若一方违反契约，会受到适当的惩罚。

法律契约的规定是严格的，约束力很强，违反法律契约受到的惩罚也很严重。例如，没有驾照就驾驶汽车，如果被发现，就会受到法律规定的惩罚。

道德契约比较松散，但是社会所有的人舆论力量也很大，因为道德契约是全社会共同签订的一个契约，而且深入到生活的各个细节，所以违反道德契约虽然不一定受到实实在在的惩罚，但是，触怒了大众，违反了大家的共识，会受到全社会舆论的谴责和抨击。

感情契约的约束更加松散，而且善变，即使违反，受到的惩罚也只是感情上的惩罚，例如，情人之间的欺骗，受到的惩罚将会是遭到对方的抛弃，失去爱人的痛苦，就是惩罚。

法律契约，道德契约，感情契约，三者就可以组成任何人之间的所有关系，自己和他人之间的关系，同样也可以分解为这三种契约关系。用这三种契约关系来理解人际关系，能够帮助我们省力不少，这是处理人际关系的一种博弈选择。

在人际困境的处理上，利用职场里对不同级别员工的监督职能，以及企业对员工任务完成的奖惩，能把人际关系简单化，同契约的利用一样，是处理人际关系的有效的方法。

从博弈角度看许诺和威胁

博弈论专家认为，威胁与许诺的界限非常模糊，只取决于你怎样称呼当前的情形。

一个无条件的行动（不计代价、只要胜利）可以使这个参与者获得策略上的优势，抢占先机，率先出招。即便你并未真的先行，仍然可以通过对一个回应规则提出一个承诺，获得相仿的策略优势。虽然你是跟在别人后面行动，但这个回应规则必须在别人开始行动之前就实施。父母对孩子说：“除非你做完作业，否则不许出去玩。”实际上就是在确立一个回应规则。毫无疑问，这个规则必须在这个孩子跑出去之前就开始实施，并且明确宣布。

许诺是对愿意与你合作的人提供回报的方式。检察官会向一个被告许诺说，只要他愿意成为公诉方的证人，检举同案中的其他被告，他就会得到宽大处理。

许诺同样可以分为强迫性的和阻吓性的两种。强迫性许诺的用意是促使某人采取对你有利的行动，比如让被告摇身一变成为公诉方的证人；阻吓性许诺的目的在于阻止某人采取对你不利的行动，比如犯罪团伙许诺好好照顾证人，只要他答应保守秘密。相仿地，两种许诺也面临同样的结局：一旦采取（或者不采取）行动，总会出现说话不算数的动机。

有时候，威胁与许诺的界限非常模糊。威胁与许诺的界限只取决于你怎样称呼当前的情形。老派的歹徒会威胁说，假如你不给他一点银子，他就要加害你。假如你没有给，他就会动手“修理”你，从而造成一种新的情形，而在这种新的情形下，他又会许诺说只要你给他一点银子，他就会住手。随着形势转变，一个强迫性的威胁会变得和一个阻吓性的承诺差不多；同样，一个阻吓性的威胁与一个强迫性的许诺的区别也只限于当时的情况。

显而易见，在你做出一个许诺的时候，你不应让自己的许诺超过必要的范围。假如这个许诺成功地影响了对方的行为，你就要准备实践自己的诺言。这件事做起来应该是代价越小越好，因此也意味着许诺的时候只要达到必要的最低限度就行了。

不那么容易看到的是，适度原则其实同样适用于威胁。你不应让自己的威胁超过必要的范围。

如果威胁大而不当，对方难以置信，而自己又不能说到做到，更别说进一步确立自己的信誉了。

博弈的参与者发出威胁的时候，首先考虑的问题可能恰恰相反，认为威胁必须足够大，大到足以阻吓或者强迫对方的地步。接下来要考虑的则是可信度，即能不能让对方相信，假如他不肯从命，一定逃脱不了已经明说的下场。若是在理想状况下，再没有别的需要考虑的相关因素了。假如受到威胁的参与者知道反抗的下场，并且感到害怕，他就会乖乖就范。

以牙还牙明智吗？

“以牙还牙”策略的问题在于，任何一个错误都会犹如回声一般反复出现。一方对另一方的背叛行为进行惩罚，从而引发连锁反应。对手受到惩罚之后，不甘示弱，进行反击。这一反击又招致第二次惩罚。无论什么时候，这一策略都不会只接受惩罚而不做任何反击。

“以牙还牙”比喻针锋相对地进行回击。在博弈中，“以牙还牙”是一个非常著名的策略，最广为人知的一点是这个策略能够促成高度的合作，不仅两个采取“以牙还牙”策略的玩家相遇时会出现稳定的合作，而且“以牙还牙”策略还能诱导或强迫采取其他策略的玩家也和它合作。

有一个有名的博弈论试验证实无限博弈的纳什均衡是“以牙还牙”策略，英文是“tit for tat”。也就是说一个人最优的与人相处的策略是，当别人对你好的时候，你就对他好；当别人欺负你的时候，你就欺负他；他永远对你好你就永远对他好；他永远欺负你就永远跟他对抗，直到他开始对你好。这个均衡是依据对很多人的试验得出的，也就是说人们普遍接受这样的相处规则，觉得只有这样大家在一起相处才会愉快，才会长久。

“以牙还牙”是重复囚徒困境博弈时的最好策略。“以牙还牙”是一种和直觉不太一致的方法，在一对一时它没有胜过任何一种规则，因为它首先选择合作，然后复制对手的选择；它最后获胜是因为它总分最高，因为阴险规则相遇时会“火并”，所以“以牙还牙”渔翁得利，靠敌人消灭敌人。如果我们留意生活的话，在日常生活中可以发现“以牙还牙”的人一定不是一个要小聪明的人，而且他的原则性很强，熟知

"人不犯我我不犯人，人若犯我我必犯人"理论。

有大智慧的人，就要开始选择合作，并心平气和地接受对方的背叛，然后选择对手上一步一样的选择。如果对手选择合作，就要忘记以前被背叛时的愤怒，选择合作（需要好的心态）。切记不要产生和对手同归于尽的心态，对手比我们多一点就多一点，我们是靠总体来取胜的。

画重点

1. 人与人之间的相处，很多时候并不是单项选择题——有你没他，而是多项选择，可以双赢。有些人不明白，他们只知道对抗到底、鱼死网破。为争名夺利打得头破血流、同归于尽的例子，我们身边经常上演。这种人永远没能体悟到，在必要时让一步，反而能给自己带来更大的好处。

2. 不管是什么身份和阶层，每个人都渴望找到对自己来说有利用价值的朋友。可以说，你所拥有的资源越丰富，身上可供利用的地方越多，越能证明你有价值。而当你越有价值，就越容易建立自己强大的人脉关系网络——在某种程度上说，这就是人脉的真相。